U0106251

獻給康康和倫倫。

願我們種下的蘋果樹茁壯成長。

# 蘋果樹下的下午茶

英式下午茶事

秋宓　著

# 目錄

第 一 章 ———— Chapter 1

## 英式下午茶
## 軼 事

第 二 章 ———— Chapter 2

## 英國茶
## 傳 奇

# 前言

英國的下午茶文化聞名遐邇，來英國旅行的人們無不光臨著名酒店和茶室，享受傳統英式下午茶。對於這個與眾不同並廣受歡迎的下午茶文化的來歷和起源，世界各地的愛茶人士總是心存疑問。

就像世界許多國家一樣，英國式飲茶和中國有關。這一切追溯到1650年代，第一批少量的中國茶抵達倫敦。那時，沒有人聽說過茶，也沒有人知道怎樣沖泡和飲用茶葉。但是倫敦的那些賣茶商人在中國見識過茶葉的飲用方法，他們親眼目睹這些神奇的葉子用精緻小巧的茶壺沖泡，然後晶瑩剔透的茶湯傾入嬌小的瓷碗中。當客人們得知這些訊息後，旋即買回整套中國茶具，照搬中式飲茶方式。英國人的茶枱上擺放著的器具和中國人使用的一模一樣，包括從中國進口的宜興茶壺、一個裝有乾茶的中國瓷茶罐、中式小茶碗和茶碟，以及一個英國銀壺。

在早期的英國，茶葉極其昂貴，只有極少數富貴人士能夠享受得起啜飲這瓊漿玉露，並且購買所需要的整套器具。因為只有富有的貴族和皇室家族人員才能喝茶，茶就和高貴聯繫起來。一提到茶，就聯想到豪門宅邸、精緻宮殿、陳列著最新潮家具和牆上掛飾的偌大

房間，以及穿著講究、舉止優雅的高貴家族。茶只奉給重要的來賓和家族成員，泡茶與喝茶都務必在豪宅內最好的房間（絕不會在廚房）進行 。一些英國現存的歷史豪宅中，還收藏著於 17、18 世紀購置的精美中國茶具。

由此，這種優雅的沖泡儀式逐漸演變成英國人的日常習慣，也成為英國社交活動的重要組成部分。一開始，在 17 世紀，茶通常在正餐後飲用，以幫助消化。後來，茶與咖啡和熱朱古力一起成為流行的早餐飲品。茶開始全天候地出現在各種場合，在家裏、旅館和飯店、溫泉小鎮、遊樂場、小型派對和社交舞會上，總之，有客人的地方就有茶。從大約 18 世紀開始，一天的晚餐被推遲到晚上 7 點30 分到 8 點之間，茶開始成為輕便午餐和晚餐中間漫長下午的醒神劑。於是，在 17 世紀中期形成的喝茶的習慣，逐漸演變成今天的下午茶。最初，只不過是慰藉下午飢餓的一點點食物，最後形成了包括三文治、英式鬆餅（scone，亦稱「司康」）和各種餅乾蛋糕的完整餐單。現在，全大不列顛上上下下，各個酒店、餐館和茶室都提供各種茶葉和雅致的下午茶。每一家的下午茶餐單都有著自己的特色，以便吸引潛在客人注意。有時還在節日提供香檳酒和雞尾酒，以增添氣氛；也有更多種類的高質素散茶供選擇；服務員們擁有更豐富的茶類和美食知識。

這本迷人的茶書生動地展現了英式下午茶儀式的魅力和優雅，特別介紹了全英國最有名的茶品、茶吧和茶室。書中闡述了英式下午茶的背景，以及其如何逐漸演變成今天的英式茶禮，還有很多趣味橫

生的茶禮儀知識：擺放茶柸的藝術，是否真的用茶碟來喝茶，下午茶和高茶（high tea）的本質區別。這本書還撰述了傳奇歷史故事，有 19 世紀羅伯特・福鈞（Robert Fortune）舉世聞名的偷盜中國茶種大案，也有為了爭奪在倫敦碼頭卸下第一箱茶葉而引發的飛剪式帆船（Clipper）航海大賽。此外，因為英國人太鍾愛他們的早餐混合茶，書中還介紹了茶葉的混合、調味以及茶葉級別。

通過精美的圖片、優雅的文字、巧妙的引用，讀者可以更深入地了解和享受迷人的英式下午茶。書中所提到的那些美妙的地方，無不令人心馳神往，想必會令恰巧身在英國的朋友們躍躍欲試。這本書還藉著圖片清楚地示範了正宗傳統英式茶點的製作方法。翻開本書的你，想必難以抗拒書中介紹的絕妙食譜。開一個茶會，邀請你的朋友，一邊談談下午茶歷史及其和中國茶文化千絲萬縷的關係，一邊享受烘焙的樂趣吧。

簡・佩蒂格魯（Jane Pettigrew）於倫敦

2017 年 10 月 8 日

（秋宓譯）

---

Jane Pettigrew，英國知名茶葉專家、茶歷史學家和作家。

# 蘋果樹下的下午茶

寒冷的冬日，手捧一杯香甜奶茶，翻開董橋的《蘋果樹下》，回憶突然湧上心頭。是什麼時候愛上英式奶茶？是什麼時候戀上下午茶點？蘋果樹下的下午茶，浪漫溫馨不過如此。就在那個蕭瑟陰沉的冬日，萌發了寫一本下午茶書的念頭……

聽說董橋出了一本書，叫《蘋果樹下》，莫名地喜歡這個名字，就央香港朋友寄一本給我。收到書，是一個陰冷的冬日。就著爐火，沖一杯英式奶茶，慢品董橋的輕言細語。茶就選前些日子買的高海拔錫蘭，冰箱裏拿出來的牛奶放進微波爐叮熱沖進茶裏，天冷加兩塊方糖也不內疚。

董橋說，蘋果入詩入畫，英美偏多，中國詩詞繪畫寫蘋果的好像少見。想想也是，中國人賦予梅蘭竹菊無窮詩意，再就是蓮花入詩多。

蘋果樹在英國普遍得很，朋友家後花園極大，鬱鬱蔥蔥，種了梨樹和蘋果樹。秋天的週末，他總是忙著採摘蘋果和清理跌落地上的果實。那些小蘋果紅裏帶點黃，泛著青，不曉得他怎麼處理那麼多蘋

果，想必是做了蘋果醬和釀了蘋果醋。我家門口也有一棵，天生天
養，卻也碩果纍纍。掉在地上的不知被松鼠或是什麼其他動物啃得
七零八落，隨手摘幾個大的，用來做蘋果餡餅或烤蘋果麵包，味道
都不錯。

英國超市有一種叫做「粉紅佳人」（Pink Lady）的蘋果，粉紅色，
果肉脆爽多汁，酸甜比例正好。吃剩的果核取籽，入冰箱冷藏三天
喚醒種子，水泡幾天到種子裂開，埋進花盆，幾天後蘋果苗就順利
長出來了。小兒子認養一棵，要和我比賽，看誰的蘋果樹能先結果
子。既然他這麼認真，我就上網查查種植資料，一查，嚇一跳。原
來這個「粉紅佳人」的種子並不一定能結出「粉紅佳人」的果子。
「粉紅佳人」是「金冠」（Golden Delicious）和「威廉女士」（Lady

Walliams）異花授粉得來，本株開花並不能本株授粉；而且果子最後一個月要天天在大太陽下曬，才能摘到粉紅色的果子，這在英國是不可能完成的任務。小兒聽了說，並不期待能種出超市的蘋果，只要種出自己的蘋果就好了。他指著門口一棵大樹，問我們的蘋果苗能不能長那麼大。我笑說能，那真要等我老了。他又說，到時候，我們在樹下擺個枱子，喝下午茶。

呷一口奶茶，繼續看那篇〈縮霞山房〉，剛好讀到董橋在江老師家吃下午茶那一段。江老師酷愛他的學生、年輕太太霞姨準備的下午茶，每天都盼望下午茶的美好時光。那是董橋在老師的縮霞山房吃的第五頓下午茶，茶桌上的禮儀在霞姨的教導下，已經爛熟於心了。

他寫到：「茶杯先倒茶才放牛奶：只有廚房裏的傭工先放牛奶才倒茶，他們用的是粗陶茶杯，放了牛奶才倒茶，不怕熱茶太熱熱破杯子。端起茶杯喝茶記得右手拇指食指扣住杯柄，左手中指托著茶碟提防茶杯拿不穩，提防茶水沿著杯緣流出來。茶匙攪拌奶茶不是打圈攪拌，是上下來回攪拌，順時鐘六點、十二點上下攪勻。攪拌完了記得提起茶匙在杯口輕輕抖掉茶匙上的餘茶，濕漉漉的茶匙不可以一下子擱到茶碟上去。切成小方塊的手指三明治（finger sandwiches）講明要用手指拿著吃，不可用叉子叉著吃。烤鬆餅（scones）要用手掰開不用刀切開，掰開了塗上果醬塗上濃縮奶油吃完一瓣才吃下一瓣，不可兩瓣疊起來像吃三明治那樣吃。」

未幾，讀到江先生絕症末期，在霞姨悉心照料下安然離世，也是一種福份。奶茶喝掉大半，手捧著溫熱的杯子，彷彿看到董先生筆下的霞姨「高挑的背影緩緩遠去，素淡的旗袍當真好看」，聽到她自言自語：「書是老師的好」，還有董橋說的那句：「有書，有你」。

藍色橙色的火苗上下跳動，窗外的雨點打在玻璃上，這樣冬季雨天的一杯奶茶，有董橋〈縮霞山房〉裏的江老師和霞姨的溫馨故事陪伴，望著窗台上的蘋果樹苗，也溫暖欣慰得像坐在蘋果樹下的那杯下午茶。

# 品一杯滇紅白波特

相貌姣好的女人在沖茶時最美。

——瑪麗·伊麗莎白·布萊登｜《奧德利夫人的秘密》

**Surely a pretty woman never looks prettier
than when making tea.**

–Mary Elizabeth Braddon｜*Lady Audley's Secret*, Ch. XXV

「想喝什麼茶？」她在廚房裏笑著問我。

「你喜歡的。」我答道。很好奇簡都喝些什麼茶。

一個鑲著金邊的英式茶壺、兩隻配套的鑲金杯碟，放在我面前的矮
枱上。她說這「雲南」是前一陣子一個中國朋友送的，無論香氣、

味道還是湯色，都很棒。

「雲南」？我暗自思忖，難道是普洱嗎？

轉眼，潔白的骨瓷杯子中就臥了兩汪鑲金圈的紅豔豔的茶湯，空氣中瀰漫著甜甜的果香。原來是「滇紅」，我恍然大悟。

「一種森林的香氣，大地的味道，很甜，很柔。」簡輕聲評論道，露出高雅的微笑。

簡・佩蒂葛魯（Jane Pettigrew）是英國知名茶葉專家、茶歷史學家和作家。她榮獲 2016 年「茶葉生產和歷史研究」英國皇室獎牌，2015 年美國加利福尼亞長灘瑪麗女皇「最佳茶教育者」稱號，以及「最佳茶人」獎和「最佳健康推廣」獎等。簡從事茶工作三十多年，著有多本茶著作，其中兩本還被翻譯成中文。

於是，這天的英國下午茶課程就從滇紅開始。滇紅在英國雖然不及大吉嶺、阿薩姆、錫蘭和祁門紅茶出名，但是也被越來越多英國人發現並接受。簡說，她第一次接觸滇紅，就被它多層次的香氣和口感所感動，這種層次感在傳統英國紅茶中並不多見。

「當你發現它，就會愛上它。」簡說，「很適合清飲的一款早餐茶。」

英國的早餐茶和下午茶選茶有所不同。早餐茶通常選用中國、印

作者（左）和簡・佩蒂葛魯

度、斯里蘭卡和肯尼亞各地的紅茶調製而成，芬芳濃郁，又稱「開眼茶」。而下午茶，則會選擇口感清新淡雅的茶品。滇紅香氣鮮爽、滋味濃厚，本身層次感強，不需要牛奶和糖的調配，所以越來越多的人選用滇紅作為清飲早餐茶。

倫敦的七月早已擺脫了陰冷潮濕，天氣乾爽，午後的陽光從透明的窗紗歡快地躍進來，跳上茶枱，坐在簡的膝上，照進她琥珀色的眼。她柔聲地訴說著茶在英國的那些故事。

我端起飄洋過海的「雲南」，任那果香撲面而來。她紅撲撲、笑盈

盈地端坐在鑲金的英式骨瓷杯裏。輕啜一口，活潑甘甜，富有生氣的大地的味道。舌尖的那絲清甜，滑向喉嚨，在上顎留下一縷花香，細膩柔滑，齒頰生津。一瞬間，人似立於繁花盛開、古木參天的森林中，鳥鳴啾啾，清風拂面。

簡看看舞動的窗簾，笑說：「這樣熱的天氣，不如來一杯白波特雲南雞尾酒如何？」

「白波特雲南雞尾酒」，那是很富有創意的誘人組合。白波特葡萄酒顏色金黃，是成熟的稻桿色，帶著豐收的喜悅，入口不酸不澀，從濃厚的葡萄甜味到細膩的花果香味，口感豐富。與滇紅調和，賦予這款雞尾酒浪漫的色彩和更複雜的神秘感。

端著這杯涼爽的「白波特雲南」，我們談論著茶在英國的奇聞逸事。身在異鄉，品嚐著熟悉又陌生的滇紅，真的又愛上她那複雜多變的層次感。

有簡的悉心教導，有白波特滇紅的浪漫陪伴，還有比這更完美的英式下午茶嗎？

第 一 章
Chapter 1

英式下午茶

軼事

# 時間為茶而停頓

當時鐘敲響四下時，
世上的一切瞬間為茶而停頓。

1.1

When the clock strikes four,
everything stops for tea.

福南梅森鑽禧品茶沙龍（Fortnum & Mason, The Diamond Jubilee Tea Salon）的
下午茶

一首英國民謠這樣唱，「當時鐘敲響四下時，世上的一切瞬間為茶
而停頓。」英國人每天早午晚均有茶相伴，「Tea Time」之多，讓
人覺得，他們三分之一的生命都消耗在飲茶中了。

香港著名作者董橋有一篇讚美倫敦午後時光的文章這樣寫道：「下
午三點鐘。陽光把倫敦罩成一顆水晶球。喝了一杯英國人的下午
茶，然後在那條看到鐘樓的大街行走。狄更斯在這條街上走過。哈
代在這條街上走過。勞倫斯在這條街上走過。毛姆在這條街上走
過。老舍在這條街上走過。徐志摩在這條街上走過。在這樣的一個
下午裏。在水晶球的下午裏。」

小時候我們有很多期盼，盼著暑假來臨，又盼著漫長的暑假結束；盼著十六歲的生日，又盼著十七歲的到來。長大以後，忽然發現時間太匆匆。一天天，一週週，年復一年，日復一日，還沒來得及品，就「刷」的一聲過去了。

英式下午茶，像是一種「慢下來」的精神，提醒我們，再忙碌，有時也該停下腳步，享受一段與茶點相伴的時光，給自己一個思考的時間與空間。

在早期的英國，喝茶是一天中和家人朋友相聚的悠閒好時光。在這種場合，談論什麼話題，大家也是有默契的。通常，下午茶時間不適宜談論與政治、生意和金錢相關的話題，而是一個比較輕鬆的閒聊時間。

高貴的女士先生們要確保家中有各式各樣茶會必須的茶器。這包括從中國、日本進口的精美的瓷碗、碟、杯子和茶壺；或是歐洲、英國出產的純銀茶壺、茶匙和糖夾。那些躋身上流社會的貴族紳士小姐們明白，如果想得到朋友的認同與尊重，擁有最精美的茶器、最時尚的茶杴和茶盤是何等重要。下午茶會是一個顯露經濟實力，彰顯藝術品味和生活情趣的場合。

在喬治王時代（Georgian era, 1714-1837），富裕的上流社會人士還經常流連於全英國各個溫泉小鎮療養。茶，又為他們在散步、聽歌劇、泡溫泉、打牌、賭博的日常生活中增添了一個亮點。

在倫敦，這個時期興起了很多遊樂園（pleasure garden），例如：

《茶園》（*A Tea Garden*），George Morland 於 1790 年繪。圖片展示了一家人在倫敦茶園享受下午茶的情景。

馬里波恩（Marylebone）、沃克斯豪爾（Vauxhall）和切爾西（Chelsea）的公園，吸引各階層人們在閒暇時間漫步、打球、聽音樂。與此同時，他們有的在公園內的茶室喝茶；有的自帶茶具，在樹蔭下、涼亭裏茶聚聊天。

在這期間，社會中下層比較貧窮的人們也開始在勞動之餘與朋友和工友們喝一杯茶，聊聊家長里短，享受短暫的茶點時間。在鄉村，當女人們每天有一個短暫的時間能聚在一起喝喝茶、聊聊天時，一切沉重的農活和家務似乎也減輕了。在農田裏，辛勤勞苦的農夫們也期待著在烈日下勞作之後，坐在稻草堆旁的陰涼處，打開妻子為他們準備的瓶裝茶，喝一口，撫慰一下疲憊的身軀。

《煮茶的老婦》（*An Old Woman Preparing Tea*），William Redmore Bigg 於 1790 年繪。英國鄉村農舍裏，一個老婦人在煮茶，小圓茶枱上擺放著麵包、牛油和茶具，壁爐的柴火堆上燒著水。窮人和富人都以各自的方式飲茶。

現在的英國，茶還是一如既往地陪伴著人們。無論在家、在公司，無論是和朋友一起，還是孤單一個人，當你要休息一下，給身體和心靈一個休憩的時間，茶，永遠是最好的陪伴。

這個遙遠的大洋彼岸的國度，80% 的人每天飲茶，茶葉消費量約佔各種飲料總消費量的一半。這裏不產茶，而茶的人均消費量佔全球首位，茶的進口量長期遙居世界第一。在這本書裏，筆者為人家分享茶在英國扎根的歷史、趣聞，以及關於英式下午茶的那些事。

讓我們敲響下午四點的時鐘，為茶而停下來⋯⋯

# 亮相西方

住在一個沒有茶的國家，
不是一件讓人沮喪的事嗎？

——諾爾·克華德｜英國著名演員、劇作家

1.2

**Wouldn't it be dreadful to live
in a country where they didn't
have tea?**

–Noël Coward｜English actor and playwriter

地處以咖啡為主的歐洲，英國雖然不產茶，卻誕生了立頓（Lipton）這個世界聞名的茶企業，創造了風靡世界、象徵典雅高貴的英式下午茶文化。茶，何時在西方正式亮相？是不是傳說中的凱瑟琳王后把茶帶到英國？

茶在西方正式亮相，比起茶在中國超過五千年的飲用歷史來說，是太晚了。其實，早在13世紀馬可孛羅（Marco Polo）到中國探險時，曾踏足福建和雲南，沒有可能不遇到茶。然而，不知什麼原因，偉大的探險家並未把茶帶回家，這使得歐洲大陸對茶一直一無所知，直到16世紀中葉葡萄牙人到達中國，中國和歐洲開始建立貿易往來。17世紀初，茶才姍姍來遲，到達歐洲，而傳到英國卻是在17世紀中葉以後了。

據史料記載，早在1610年，葡萄牙和荷蘭就曾經從中國進口茶葉到歐洲。1611年，荷蘭人還從日本購買茶葉。荷蘭東印度公司的總裁寫信給他們在爪哇的總督說：「我們這裏有一些人已經開始喝茶，所以我們需要每艘船都配一些中國茶罐和日本茶。」

最早以英文紀錄茶葉的文獻來自於一個海外的英國商人。1615年，在日本經營東印度公司的 Richard Wickham 寫信給澳門的同事，請他們帶來「一罐最好的茶（chaw）」。1637年，旅行家和商人 Peter Mundy 在中國福建第一次遇到茶，他寫道：「這裏的人們給我們喝一種飲料叫茶（Chaa），就是用水煮一種卓樂的湯汁。」

最早從中國帶回歐洲的是幾磅綠茶和紅茶。這極少量、貴得驚人且不同尋常的「草」，首先在歐洲的皇室和貴族家中落腳，直到

1650 年代晚期，才到達倫敦。英國在茶葉貿易方面是後知後覺的，1657 年第一批少量進口茶葉抵達倫敦還要歸功於荷蘭人。因此，當東印度公司後來想獻給查理二世和他的凱瑟琳王后一小盒茶葉時，必須向荷蘭商人購買。

茶葉從中國遙遠的山區到達歐洲的旅程複雜而漫長。每年九月份的時候，春茶通常才剛剛到港口，這時歐洲各個公司的經紀人開始第二輪選茶。名字叫做「東印度人」的荷蘭船滿載茶葉、絲綢、香料和日本瓷器抵達倫敦時，已經是冬天或者第二年的春天了。所以 17 世紀倫敦售賣的茶葉至少是 18 至 24 個月之前的出品。

最初進口到英國的茶葉被當成藥來售賣，並以誇張的療效為賣點。倫敦公報上曾經出現這樣的廣告：所有醫師推薦的、最好的中國飲料，中國人稱作「茶」（tcha），別的國家叫做「tay」或者「tea」。這時候，茶並未能引起人們的注意。英國與中國的茶葉貿易糾葛，以及茶真正被賦予時尚和快樂的標籤開始於查理二世時期。

查理二世「王政復辟」後的五個月，1660 年 9 月 25 日，任職英國海軍部首席秘書的塞繆爾・皮普斯（Samuel Pepys）在其家喻戶曉的《皮普斯日記》（*Samuel Pepys' Diary*）中寫道：「我今天喝到一杯 tee（中國飲品），這是我從未品嚐過的。」

1662 年，茶在英國的地位發生了極大轉變。查理二世迎娶了愛好飲茶的葡萄牙公主凱瑟琳，在她豐厚的嫁妝中，有一櫃子茶葉，是當時葡萄牙宮廷的時興貨。凱瑟琳經常邀請她的貴族朋友飲茶，將葡萄牙宮廷的飲茶文化帶到英國，使之成為當時英國上流社會最入

英國國王查理二世的妻子——葡萄牙公主凱瑟琳（Catherine of Braganza，22 歲），或由 Dirk Stoop 於 1660 至 1661 年間繪。凱瑟琳於 1662 年嫁給查理二世，在英國上流社會傳播飲茶文化。

時的消遣之一。其實凱瑟琳是將飲茶文化在英國推廣開來，給茶披上華麗的上層社會外衣，並非是她第一個把茶帶入英國。17 世紀中葉以後，茶正式傳到英國，並迅速風靡皇室及上流社會。17 世紀末，當咖啡成為法國和德國最流行的飲料時，茶葉在英國市場得以繼續拓展。其後，在喬治王時代，即 18 世紀以後，茶在社會中下層人民中普及開來。從此，茶正式成為英國最為流行的飲料，且取代了酒在餐飲中的地位。

英國，這個歷史豐厚、自然環境優美、教育精良、彬彬有禮的國家，和茶有著不解之緣。茶不僅引領英國人民展開脫離酒精的健康生活，還以獨特的下午茶形式豐富了人們的休閒生活。

# 早期茶會

甜蜜的家，溫暖的火爐旁，
等啊等，
等壺裏的水冒泡，
等茶葉吐出芬芳。

——安尼斯·瑞普萊爾｜《茶思》

1.3

Sheltered homes and warm firesides –
firesides that were waiting – waiting,
for the bubbling kettle and the
fragrant breath of tea.

–Agnes Repplier ｜ *To Think of Tea*

茶在英國現今社會是最普遍的飲料之一。英國人喝茶沒有什麼講究，物美價廉的茶包、造型單一的馬克杯，就能泡出滿足的早餐茶。糖、牛奶以及各種香料調配的茶在我們看來已經失去了茶的原味。即便是現在風靡全球的英式下午茶，與中國茶的形與神都相差十萬八千里。茶在英國一步步地走出了自己的風格。

然而，在英國早期，茶卻是以另外一種方式存在。無論莊重感、茶器的使用、品飲方式和口味，都與現今的中國茶頗有相似之處。你可能覺得匪夷所思，這怎麼可能呢？但是，仔細想想，這也合情合理，因為當初不諳茶事的英國人，樣樣都照搬中國做法，而且有過之而無不及。你且看看下面幾個方面是不是似曾相識。

首先，茶很貴，玩茶要「豪」得起。在英國早期，茶通常和宮廷皇室、豪華宅邸、精美絕倫的瓷器、貴重的銀器以及高貴的生活聯繫在一起。好像現在中國茶文化圈內有一股「雅活」風氣，似乎一講到茶，就是高雅生活的代名詞。玩到極致，更少不了奢侈、豪華，皆因「好茶」和「好器」都是天價。

在歐洲茶文化最初的一百五十年，茶葉是一種極其稀有昂貴的奢侈品，通常只出現在皇室和貴族的日常生活中，是上層社會人士的昂貴嗜好。在英國，開始出現飲茶文化的最初五十年，即 1657 到 1700 年，茶葉的價格貴得驚人。每磅茶葉約三英鎊，而當時一個工人每年的工資在二到六英鎊之間，一個律師一年的薪金也只有二十英鎊。一個工人一年的工資最多只能買兩磅茶葉，相比之下，茶葉真是貴得離譜。

《茶會》（*A Tea Party*），荷蘭畫家 Nicolaes Verkolje（1673-1746）繪。這是最早描繪喝茶的畫之一。畫中的中國茶具包括小茶碗、杯托。桌子上的大碗用來放置茶渣，兩個小碟子用來放糖、麵包與牛油。迷你紅色茶壺是來自宜興的紫砂壺，銀水壺和銀茶匙則可能是英國出品。

其次，所謂好茶定要配好器。現在不少「茶人」，包括我在內，都有收藏癖和強烈的茶器佔有慾，恨不得買進所有心頭好。當茶在英國上層社會流行開來時，所有喜愛喝茶的人，都開始置備各式各樣的茶具。如果是要喝茶，就務必莊重些，擁有精美齊全的茶器才能和喝茶人的身份匹配。當時歐洲人尚未學會如何製造瓷器，如果買不起中國的瓷器或者歐洲銀器，那麼也至少要用錫器、彩陶和荷蘭代爾夫特藍陶（Delft Blue）來代替。

那些珍貴的茶葉儲存在精美的中國瓷罐中，這些或扁、或圓、或高、或矮的茶罐不但是陳列在家中精緻美觀的藝術品，還很實用，小巧的蓋子可以用來量茶葉分量。每次泡茶，嚴格控制分量，一來保證泡出好口味，二來避免浪費昂貴的茶葉。

當時也流行一種富麗堂皇的茶箱。茶箱用稀有的材質製作裝飾，如稀有樹木、龜板、黃銅或者白銀。這種高端茶箱外部點綴手工鑲嵌的珍珠母、水晶和白銀，還附有精美的雕刻、繪畫和金銀細絲工藝。內部通常有幾個隔斷，分裝不同種類的茶葉，還有一隔來擺放水晶糖碗，最重要的是盒子上加了鎖，嚴防寶貝茶葉被僕人偷竊。茶罐或茶箱放在主人臥室旁邊一個小房間內的層架上，位置隱蔽，確保安全。裝飾著華麗流蘇的閃亮茶箱銅鑰匙就繫在主人腰間，在華美的衣裙中若隱若現，是身份，也是裝飾，還確確實實是一份對茶的珍愛。

另外，英國的早期茶會隆重而高雅，茶會主人全權負責為客人泡茶。所用茶壺、茶杯都是純粹的中式，茶也是清飲，不加任何調味品。

茶會通常在女主人的臥室或者客廳進行，傭人只是負責擺放家具，把茶具擺在矮枱上，並從廚房把熱水拿出來。沖泡茶葉的整個過程則從不假手於人，必須由女主人或男主人親自完成。主人把熱水倒進銀壺裏加熱，然後小心地把珍貴的茶葉取出合適的分量，放進小巧的東方式暗紅色紫砂壺中，再把熱水沖進壺中，然後將茶湯傾入小巧無把手的青花瓷杯裏。綠茶清飲，一切都是原原本本的中式傳統。茶後，才添加西方元素，通常會配一些酒類，比如橘子白蘭地、果仁酒等。

中國製造的茶箱（Tea Caddy），來自 18 世紀晚期到 19 世紀初期，木製、金屬把手、帶鎖，高 18 厘米，寬 24.7 厘米，深 15.8 厘米。英國早期，茶葉很昂貴，多用有鎖的盒子保存。1780 年以後開始稱為 tea caddies。「Caddy」來自於馬來語「Kati」，一種用來度量重量的單位，就是我們今天的「斤」，相當於 500 克。

音樂茶會（*A Musical Tea Party*），Marcellus Laroon the Younger 於 1740 年繪，展現了當時富貴人家喝茶聚會的情景。

最後，喝茶的場所也開始慢慢講究起來。人們不滿足於餐桌上喝茶，女士們不喜歡在清雅的飲茶時間被淹沒在嗆人的二手煙霧和男士們噴著酒氣的吹牛中，認為喝茶要有專門喝茶的地方。通常，一般人家正餐結束後，女人們就轉移到客廳（withdraw room）喝茶聊天。

18 世紀後期，富貴人家開始建立與餐廳和客廳分開的獨立茶室。在白金漢郡（Buckinghamshire）的 Claydon House 就建了一間具有異國情調的茶室，叫做「中國廳」。這個隱蔽的小茶室位於樓上，是一間裝有鏤空雕花裝飾的中國風格茶室。一家人餐後就坐在爐火旺盛的壁爐周圍的沙發上喝茶、聊天，享受一天最美好的時光。

# 甜蜜代價

滿滿一杯茶和一塊糖，
那是狂喜的味道。

——亞歷山大·普希金│俄國詩人

1.4

**Ecstasy is a glass full of tea and a
piece of sugar in the mouth.**

–Alexander Pushkin │ Russian poet

一杯香濃可口的英式奶茶，糖的調味作用不可忽視。這個我們現在看來再平常不過的習慣卻曾經一度因為道德問題和政治因素而被迫摒棄。一塊小小的方糖被慢慢攪進茶中，這當中所經歷的金錢、道德和政治鬥爭，所動用的激烈暴力手段，堪比那片神奇的樹葉。

在茶中加糖的習慣來自於在由花、樹葉或種子做成的草藥湯汁中加入糖的傳統，目的就是調節口味，使其更可口。茶，從一開始就是以其藥用價值做招徠，在歐洲售賣。塞繆爾·皮普斯在 1667 年 6 月 28 日的日記中記載他回家時看見的情景：「我的妻子正在泡茶，藥劑師告訴她，這種飲料對她的傷風流涕有幫助。」那個時期的家庭主婦們都會調製一些湯藥來對付各種病症，並會在藥湯中加入一些糖或者蜂蜜調味。所以，在英國，茶的飲用從一開始就自然而然地加入糖，用小銀茶匙慢慢地攪入。

16 世紀之前，糖從巴西、亞速爾群島和加那利群島進口，價格很貴。當糖的貨源開始來自西印度群島時，價格才大幅度調低一半。根據 1660 年的數據顯示，當時英國每人每年糖的消耗量是兩磅。到 17 世紀末時，糖的消耗量已經翻了一倍，這可能除了與糖在甜品中的廣泛應用有關，還和茶與咖啡的消耗增加關係密切。

但是，其實並不是所有人都認為在茶中加糖是明智之舉，英國還曾一度掀起反對茶中加糖的風潮。有人從健康和功效方面考慮，認為在茶裏加糖並不好，如 John Ovington 認為糖會降低茶對肺部和腎的功效。

更加激烈的反對茶中加糖是源於道德和政治因素。當時農場主人生

《三口之家》（*A Family of Three at Tea*），Richard Collins 於 1727 年繪。圖中展示了 18 世紀的銀質帶蓋糖碗，以及銀質的糖鉗和茶匙。

產糖賺了大錢，為了將糖擺上英國人的茶桌而動用的暴力手段不比裝滿茶罐所需要的少。第一批非洲奴隸被運往美洲所從事的勞動就是種植甘蔗，漫長而可怕的「三角貿易」從此開始了。首先歐洲的貨物運到非洲，交換得到的非洲奴隸再被運往美洲，最後再把奴隸生產的糖運到歐洲。殘酷的奴隸制度激起廣泛的廢奴運動。1760年，英國著名瓷器製造人威基伍德（Wedgwood）開始倡導廢奴運動，隨後大批民眾響應，摒棄在茶裏加糖的習慣來聲援廢奴運動。

這幅由 James Gillray 在 1792 年所繪的卡通畫
提倡女人們停止使用糖，特別是停止在茶中加
糖。畫中描繪了喬治王、夏洛特王后及他們
五個女兒用茶的情景。圖中伴茶的有麵包和牛
油，但是沒有糖罐，沒有在茶中加糖。王后說：
「親愛的，快嚐嚐！你絕對想不到不加糖的茶
多麼好喝，並且這樣省了可憐的黑人們多少力
氣呀。最重要的是，記住這樣為你們可憐的爸
爸節約了多少開銷呀。噢，多麼的美味呀！」
國王小聲說道：「噢，美味！美味！」

1850 年代以後，糖的製作原料從甘蔗轉變成甜菜後，價格大幅度降低，糖在英國終於成為人人買得起的普通商品。茶裏加糖就自然而然成了慣例。

那時候，進口到歐洲的糖是約每塊六磅左右的固體，人們必須用糖鉗和小錘子將其敲碎，放在糖碗或碟子中供人們使用。於是各種款式精美、設計獨特的糖鉗和茶匙誕生了。這些純銀或鍍金的糖鉗有橡子樹枝狀、噴泉形，還有的帶有貝殼狀把手。

現今的英國，固體方糖仍然是茶桌上的必需品。但是，越來越多英國人開始傾向於不在茶中加糖，一方面考慮到健康因素，避免攝入太多的糖。另一方面，他們也開始體會到，好茶是不需要加糖的，不加糖的茶味道清新醇厚，更自然，更美味。

# 香濃奶茶

我有個壞習慣，
下午三點要喝茶。

——米高・積加│音樂家

I got nasty habits,
I take tea at three.

–Mick Jagger │ Musician

1.5

先加茶還是先加奶，是讓喝茶
的人糾結的難題。

英式下午茶的香濃奶茶是一大特色。我喜歡看見潔白的牛奶在亮紅
的茶湯中散開，像捲曲的雲伸展變化，慢慢變薄，變得透明，把清
澈的茶湯變得濃厚、富有質感。注重下午茶禮儀的人們總是糾結到
底應該先加奶還是先倒茶。有趣的是，在茶中加奶並不是歐洲人發
明的，這種習慣也來自中國。

在 17 世紀末之前，在喝茶的小杯子裏加牛奶還很罕見。那時候歐
洲人喝茶是照搬中國的清飲方式。茶中加牛奶的習慣在 17 世紀
末 18 世紀初才慢慢形成，奶罐也才開始在那個時期的畫中出現。
1698 年，羅素夫人（Rachel）在寫給女兒的信中說道：「昨天，
我見到一種用來裝倒入茶中牛奶的小瓶子，叫做牛奶瓶子。我很喜
歡，所以買了送給你做禮物。」四年之後，她又評論她喝過的一種
茶是：加了牛奶的優質綠茶。

據考據，在茶中加奶的做法其實也是從中國傳出去的。一種說法認為，西藏人首創將茶奶混合來喝的方式，後來傳往相鄰的印度，當英國人來到印度時耳濡目染，便將此法傳到西方。另一說是 17 世紀中期，荷蘭商人在清政府舉辦的宴會上喝過加了牛奶的紅茶，這種獨特的喝法旋即被帶回荷蘭。

茶中加入牛奶後，兩者不但香味融為一體，營養成分也互相補充。牛奶的腥味和茶葉的苦澀味受到抑制，口感更濃郁綿長。奶茶去油膩、助消化、提神醒腦，再加入糖後，十分香甜誘人。英國天氣偏涼、多雨，尤其是冬天寒冷潮濕，喝上一大杯熱氣騰騰、又香又甜的奶茶，既暖身又飽肚，令人格外愜意滿足。

說到這裏，愛茶的你是否要糾結一個問題：到底是先加奶還是先倒茶。其實身在英國，觀察人們用茶，兩種方式都有，純粹個人習慣不同，大多數人是不大究其緣由的。

英國曾在 19 世紀針對這個問題做過一個調查，結論是應該先加牛奶後倒茶。其實，究其原因是當時平民百姓使用的粗陶茶具質量較差，遇到熱水容易破裂，因此先加牛奶可以有效降低茶水的溫度，使杯子不易破裂。另外當時的茶葉價格比牛奶貴，先加奶還可以減少茶葉的使用量。

2003 年，英國皇家學會又用科學驗證來證明先加入牛奶的奶茶味道更佳。他們認為，如果先倒熱紅茶再加牛奶，會讓乳蛋白因瞬間溫度超過攝氏七十五度而分裂，導致茶水表面出現一層油脂，破壞茶香，使整杯奶茶失去新鮮度和口感。

然而喜歡先倒茶的人也不少。有一種說法是說，上流社會的茶會中先加茶進杯子裏，杯子不會因注入熱茶而破裂，這樣精緻耐用的茶具間接彰顯了茶會主人的品味和財力。而且先倒茶再加牛奶，容易調整濃淡，調出自己喜好的口感。

事實上，每個人的泡茶方式不同，並沒有對與錯或嚴格的規定。從餐廳奉上單杯茶的程序來看，侍應端上一杯泡好的紅茶，奶和糖另外擺放，那麼就一定是後加牛奶了。如果你點的是一壺茶，那麼你就有機會選擇先加奶還是先倒茶。

其實，英國人用茶已經簡單化，即便是用英式下午茶，也不是每個人都嚴格遵守傳統禮儀，所以先加奶還是後加奶沒有什麼關係。而且，隨著茶教育的普遍性，越來越多的英國人開始清飲，品味茶之本味。

# 茶酒革命

來，我們喝杯茶，
繼續聊聊開心事。

——辰姆・波圖克｜美國作家

Come, let us have some tea and
continue to talk about happy things.

1.6

–Chaim Potok｜American writer

剛到英國，常常對學校的午餐用詞迷惑不解。英國學校都有熱午餐提供，叫做「hot dinner」。Dinner 一詞通常翻譯成晚餐，為什麼午餐用這個詞呢？午餐不是「lunch」嗎？

其實，dinner 一詞原本是「正餐」的意思。英國的正餐從 17 世紀早期到現在，在時間上有了很大的變化。英國人通常在用餐後喝茶或啤酒，要明白他們的喝茶習慣，有必要了解一下英國早期用餐時間及變化。

在 17 世紀早期，有錢人家一天裏的第一頓餐在早上六到七點，食物包括冷肉、魚、芝士，啤酒或麥酒。中等人家的早餐則包括一杯老麥酒、雪利酒和一點麵包。窮人家則以一杯麥酒、一碗穀物粥為早餐。

這個時期，每天正餐在十一點到正午之間。隨著時間的推移，正餐的時間變得越來越晚。英國的正餐也是人們大量飲用酒精飲料的時間。在咖啡和茶還未傳到時，人們以啤酒和麥酒作為主要飲料，經濟條件好的人家可以享用進口的葡萄酒；而在蘇格蘭，則流行喝威士忌。在以酒精飲料為主的時期，男人們喝得酩酊大醉，不醒人事是很平常的事情。

17 世紀晚期，當茶逐漸成為上流社會熟悉的飲品時，一些有錢人家的早餐桌上除了牛油多士之外，還多了一壺茶、咖啡或朱古力。不那麼富裕的人家還繼續以麥酒、啤酒或自釀的酒精類飲品為主要飲料。

《早餐》（*Morning Repast*），Richard Houston 於 1750 年繪。圖為衣著華麗的年輕婦人在臥室享用早餐，右手擎著茶杯，面前的小桌上擺著薄餅乾，另有一套茶杯、碗、茶壺、奶罐、糖碗和糖夾。

這個時候，多數人家的正餐已經逐漸推遲到下午五到八點，而在中午就多了一頓簡餐，被稱做：lunch。正餐之後，女士們為了避免坐在香煙的煙霧中，被淹沒在醉醺醺的男性話題中，她們通常在正餐一結束就退到隔壁的小房間，或一個叫做 withdrawing room（drawing room，中文可以譯成「客廳」）的房間，但如果將之理解成畫畫的房間就大錯特錯了。在這裏，她們一邊做針線活，一邊閒談輕鬆的話題，餐後的茶事也是在這個時間進行。所以現在英國英文所說的 dinner 是正餐的意思，在中午吃 dinner 是源於英國早期的正餐就在中午時分。

隨著用餐時間慢慢推後，酒和茶在英國人民生活中的地位起了重要的變化。1799 年，英國聖公會在其教堂落成典禮上選擇茶而非酒用以慶祝，這個舉動引發了戒酒運動。當時全英國各種戒酒協會大行其道，茶在吸引並試圖改造嚴重酗酒人群的活動中起了巨大的作用。

在某種程度上來說，凱瑟琳王后在英國歷史上對改變人民對酒精飲料的態度和建立女性行為標準上具有很大的影響。正如著名歷史學家 Agnes Strickland 寫道：「凱瑟琳是第一個喝茶的王后，在麥酒和葡萄酒麻醉人們腦筋的年代，她確立了熱飲時尚。使用簡單的奢侈品對抗中毒性習慣（飲用酒精飲料），對各個階層的禮儀都有有利的影響，並且對文明進步有不小的推進作用。」

從此，英國人為了更加健康的生活方式，開始重視茶文化。隨著茶在人們日常生活中的地位逐步加強，在很多場合代替了酒；隨著正餐時間慢慢推後，用茶的時間也越來越晚；當愛茶的人們不想等到一天就要結束的夜晚才能一解茶癮的時候，舉世聞名的下午茶誕生了。

# 下午茶禮儀

人生鮮有比全心全意享受下午茶更
令人愜意的時刻。

——亨利·詹姆斯｜作家

There are few hours in life more
agreeable than the hour dedicated to the
ceremony known as afternoon tea.

–Henry James ｜ American writer

1.7

貝德芙公爵夫人安娜開創下午茶文化

在古老的英國城堡中，陰冷漫長的下午很是難熬。貝德芙公爵夫人安娜（Anna Russell）每到下午四、五點鐘，天慢慢暗下來的時候，心中就莫名地有一種下沉的感覺，像裂開一個大洞，空虛難耐。於是她吩咐僕人送上一壺茶、烤多士和牛油，開創了下午茶文化。這是有關英國下午茶起源的一種流行說法。

但是，嚴格說來，英國下午茶的起源並不能完全歸功於安娜。

其實，英國下午茶的習慣到底從何時開始，很難有一個確切的答案。在 1830 到 1840 年期間，英國人的晚餐通常在晚上八點左右，午餐和晚餐中間的時間很長，與其等到晚上十點晚餐結束後才飲

貝蒂茶室（Bettys Café Tea Rooms）的下午茶，可以看到茶點從下至上，為下層的鹹味三文治，中層的英式鬆餅，最後是上層的甜點。

茶，人們開始把晚餐茶提前到下午五點左右。晚餐和茶的時間開始調換。下午茶就是在這個時期誕生，逐漸演變成一種社會活動。

再說說貝德芙第七公爵夫人安娜。她曾在 1841 年的一封信中提到下午五點和朋友喝茶。安娜時常在簡單午餐和晚餐中間的下午四點左右腹中飢餓，並感到空虛無聊，於是叫傭人準備茶和簡單茶點，估計就是麵包牛油，自己在房間裏泡茶吃點心，聊以慰藉。

她的一個朋友，演員 Fanny Kemble 在 1842 年 3 月 27 日寫的一封信的註腳中記錄了她參加安娜的下午茶會。這也可能是第一個提到「下午茶」這個概念的書面記錄。由此，安娜被認為是下午茶的創始人。但是，這其實是當時很多人在做的事情，下午茶文化究竟開始於何時，很難考證，想必是逐漸形成的。

下午茶以優雅著稱，雖然舊時代嚴格的茶禮儀已經隨著時代轉變，逐漸寬鬆起來，但是其中一些細節還是值得我們學習，力求在用茶期間從容不迫，舉止優雅。

首先，喝茶時用食指和大拇指捏住杯耳，輕輕拿起。切勿將手指穿過杯耳或握住杯身，小指應收好，不要翹起。拿茶杯時，另一隻手勿同時取用食物。如果品茶者坐在較高的餐桌前，而茶杯超過腰部高度時，則只將茶杯拿起飲用。若品茶者坐在較低的茶几前或站立時，茶杯低於腰部高度，則須連盤子一起拿起，一手持杯，一手持盤。茶匙以四十五度角置於杯耳下方。

其次，吃茶點時通常不用刀叉，直接用手指拿起點心食用，小心不弄髒手指。可用餐巾輕沾唇部和手指以做清潔。如果離開座位，餐巾應放置在座椅上。用完餐後，餐巾則應較隨意地放置在桌子上，不要折疊得太整齊，以免被認為沒有用過，涉嫌主人招呼不周。

點心食用的順序是從下至上，從鹹味的三文治，到中層的英式鬆餅，最後是上層的甜點。英式鬆餅（亦稱「司康」），英文是scone，讀作「司剛」而不是想當然的按照拼音規則讀「司功」。如果你不幸說錯，就會被當作外行人。英式鬆餅的吃法也有講究。有品質的鬆餅都很容易從中間水平掰開，呈兩半。千萬不要用刀切成左右兩半。掰開的鬆餅露出中間柔軟的部分，可用小餐刀塗抹凝脂奶油和果醬，每次塗抹一口大小的面積，吃完再抹。至於是先抹奶油還是果醬，純粹依照個人喜好，沒有嚴格限制。

用完茶，把茶匙橫放在茶杯上或是留在茶杯裏，表示不需加茶水。

《英式禮儀和法式禮貌》（*English Manners and French Politeness*），1835年繪製。這幅畫諷刺英法不同的禮節風格。圖中的法國紳士不了解英式飲茶禮儀中把茶匙橫放或留在杯中是不需要續茶的表示，所以喝了13杯茶。

到1870年，英式下午茶開始流行起來。1872年，在《現代生活禮儀》（*Manners of Modern Society*）中描述了這種日漸成熟的社會活動。下午茶，因為搭配少量而精緻的餐食，被稱作「little teas」。另外，下午茶也被稱作「low teas」（低茶）。因為客人們通常坐在沙發上，茶具和點心則置於高度較普通餐枱低的茶枱上。

由此可見，英式下午茶是隨著用餐時間變化而逐漸形成的。舊時的貴族們有 套嚴格的下午茶禮儀，雖然新 代的英國人鍾情輕鬆自在地品味下午茶，但如果閣下能夠掌握基本用茶禮儀，定能在下午茶會上氣定神閒，令你舉手投足之間盡顯高雅的氣質。

# 高茶低茶

與茶為伴歡度黃昏，與茶為伴撫慰
良宵，與茶為伴迎接晨曦。

——塞繆爾·約翰遜｜英國作家

With tea amuses the evening, with
tea solaces the midnight, and with tea
welcomes the morning.

–Samuel Johnson ｜ English writer

1.8

歷史上從未種過茶葉的英國人，卻用中國的舶來品創造了自己獨特的飲茶文化。英式下午茶更以華美的品飲形態、豐富內涵、優雅形式而享譽天下。

然而，英國還有一種「high tea」，直譯就是「高茶」。想必你也聽說過。現在很多酒店餐廳在下午茶時段推廣 high tea，亦有很多人認為高茶是上流社會高級茶會。下午茶和高茶是經常被混淆的概念。究竟高茶是不是下午茶，兩種飲茶方式有什麼不同？

下午茶，又叫「low tea」。Low tea 和 high tea 雖然只是相差一個字，意義卻有很大不同。Low tea 顧名思義，是使用客廳低矮的茶枱和沙發；而 high tea 則使用飯廳的高桌。事實上，貴族們只喝下午茶，高茶屬於社會底層的勞工階級。19 世紀末的英國貧苦勞工和農民物質生活極其匱乏，吃不起下午茶，故此只在中午吃一餐，傍晚下班再吃一餐，這於傍晚在高餐桌上用的一餐就叫高茶。

高茶在一天工作結束之後的下午六點開始，而下午茶的用茶時間則是下午四點左右的閒暇時間。高茶的配餐很豐盛，犒勞農民們一天的辛苦，完全可以取代晚餐。而下午茶則是上流社會人士和貴族們打發漫長而無聊的下午，等待晚上九點的正餐前的休閒聚會。

現在，英格蘭北部和蘇格蘭地區的鄉村依舊有高茶的存在。農場的高茶新鮮味美，熱鬧非凡，農民們和家人孩子們享用勞作一天後的豐盛餐食，是勞動人民的歡樂時光。寬大的高腳餐桌上，鋪一張亞麻白桌布，擺滿了各種有機農家食品，簡單卻新鮮得讓人垂涎欲滴，讓戶外勞動的農民們胃口大開。

《農家高茶》（*Living off the Fat of the Land*），Thomas Unwins 繪。豐盛的餐食包括火腿、芝士、自家烘焙的麵包。農夫的妻子正在往茶壺裏添加茶葉，她身邊的老婦人正在用茶碟飲茶。

厚重的咖啡色土陶大茶壺倒出濃艷的茶湯，濃厚之程度可以「讓一隻老鼠在茶湯上跑過而不下沉」（to trot a mouse on）。夕陽下，農民們分享一整條煙燻火腿和大塊的農場芝士。配餐包括一大碟有機番茄、大把的西洋菜、罐裝蝦仁和醃魚、炒雞蛋、麵包配牛油、各款果醬及蜂蜜。枱子的另一邊，擺滿了三文治、剛出爐熱烘烘的英式鬆餅，以及佈滿乾果和燕麥的農家新鮮忌廉蛋糕。

這樸素而豐富、喧鬧而歡樂的高茶餐桌上並沒有精心裝飾的漂亮水果撻、朱古力慕斯和小巧可愛的馬卡龍；沒有捏著精緻茶杯把手的

纖纖玉指；沒有純銀茶壺和精美瓷器；當然，也沒有低聲客套的社交寒暄。

這邊廂，倫敦市中心麗思酒店（The Ritz）的下午茶展現出另外一種景象。下午茶在與酒店大堂分開的棕櫚廳（Palm Court）舉行，這裏沒有時鐘，雖然透過遠處的旋轉門可以窺視皮卡地里街（Piccadilly，倫敦主要街道之一）上飛馳的的士和巴士，但這裏給人一種遠離塵囂的度假感覺。

麗思的下午茶在閃亮精緻的茶器中慢慢鋪開。喝茶的人們悠閒地坐在棗紅色路易十六風格的古董椅子和大理石枱前，小口輕啜大吉嶺或英式伯爵茶。從琳瑯滿目的三層蛋糕架最底層的手指三文治開始。六種口味的三文治是：火腿、雞肉、吞拿魚、雞蛋沙律、小黃瓜和燻三文魚。三文治由白麵包和全麥麵包做成，啡白相間，健康味美。中間一層的英式鬆餅等客人用完三文治才上桌，以確保溫熱可口。最上層的甜品是清新的法式誘惑。精巧的點心造型唯美，奶香濃郁，口感豐富。薄脆的朱古力糖衣、綿甜的忌廉夾心、冰涼清甜的水果薄片在口中巧妙地結合，這是舌尖上的英國。

高茶、低茶、下午茶，你喝懂了嗎？

# 下午茶擺枱藝術

有茶，就有希望。

——亞瑟·皮內羅｜英國劇作家

# Where there's tea there's hope.

–Arthur W. Pinero ｜ English playwriter

1.9

下午茶，英文又叫低茶，是區別於鄉村農家的「高茶」而言。傳統英式下午茶的客人坐在矮腳沙發上，沙發旁邊則安放低矮的茶几，用來擺放茶具和點心。

19 世紀的小型家庭下午茶會上，每個客人都有自己的小茶桌，僕人上茶之前也要確保女主人身邊也有一張茶桌，通常都由女主人給客人分茶。客人們自然圍坐一圈，可以輕鬆地傳遞物品。女主人身邊的茶桌上擺有茶盤，內置熱水壺、茶壺、奶罐、糖罐、杯子、碟子、茶勺、茶葉罐和一小盤切得很薄的檸檬片。當時，還有一種小型手推車，可以把所有必需品放在小推車上，然後將其推入房間，放在方便的角落。如果是大型的茶會，則通常採用長條茶桌，僕人們站在客人身後分配茶飲。

正統的英式下午茶擺設亮麗優雅，對於茶桌的佈置、裝飾都非常講究。所用器具須選用上好的骨瓷和銀器，包括：茶壺、茶杯、茶匙、茶刀、蛋糕叉、茶碟、（裝點心用的）七吋個人點心盤、糖罐、糖夾、奶盅、餐巾、茶濾、放置茶濾的小碗、茶渣碗、共用的三文治盤和點心架。

茶枱通常鋪設白色桌布，亦可選用復古的刺繡和蕾絲花邊桌布。桌布一定要潔白平整。客人正前方擺放個人點心盤，餐巾摺好放在點心盤中央；右手邊依次放置蛋糕叉、茶刀；茶杯置於茶碟上，位於客人的右前方，杯把手向右側擺放；茶匙呈四十五度角置於茶碟右側；茶壺、奶盅、糖罐、糖夾、帶底碗的茶濾置於茶枱中間，三層點心架放置在客人點心盤正前方。在特別時節，還會配香檳酒。茶枱可用鮮花、蠟燭等裝飾，提升優雅的氛圍。

貝蒂茶室的下午茶

其實點心架的使用是因為桌面空間有限，不能攤開擺放所有物品，所以用點心架節省空間。如果空間允許，也可以不用點心架，各式點心擺放開來也是可以的。

一切準備妥當，再播放輕盈優美的背景音樂，優雅的氣氛、莊嚴的儀式感即刻營造出來。

# 杯碟錯亂

喝茶，我從不嫌杯子大；
讀書，我從不嫌書長。

── C. S. 路易斯│英國文學家

You can't get a cup of tea big
enough or a book long enough to
suit me.

–C. S. Lewis │ English writer

1.10

眾所週知，英式茶具，一杯一碟構成基本一套。然而，英式茶具外形和功能的演變獨具歷史特色，鮮為人知。最奇怪的是，那時茶碗（茶杯）不用來喝茶，卻用茶碟來喝茶。那麼這錯亂了的茶碗（茶杯）和茶碟的功能到底是怎麼一回事？

中英兩個飲茶大國的茶杯大不同，外形相差甚遠。英式茶杯容量大，口寬，有把手，有些杯體還富有曲線。而中式茶杯在英文叫做「茶碗」（tea bowl），因為沒有手柄，所以不叫「杯」。

其實，最早英國人都是用中式小茶碗的，那麼什麼時候茶碗長出了手柄？下面又多了一個碟子？

18 世紀初期，精巧的中式茶碗頗受推崇。在安妮女王統治期間（1702-1714 年），貴族太太們常常在川寧（Twinings）先生的德弗羅庭院（Devereux Court）的茶館裏聚會，就是為了使用小號中式茶碗享受沁人心脾的瓊漿玉露。後來，到了 18 世紀末期，茶在早餐代替了麥芽酒和啤酒，人們發覺小型茶碗太小，開始偏愛使用較大的茶碗泡茶。英國人愛喝大碗茶的感覺，大茶碗既能飲茶又能喝粥，英式茶杯開始慢慢有了自己的特色。

後來英國「牛乳酒杯」（posset cup，也叫「雙耳奶杯」）的手柄被改裝到東方茶碗上。這種高身直筒型酒杯用來盛放熱飲料，兩側各設一個手柄，使手指不被燙傷。

茶碟又是怎麼一回事？據說茶碟也源自於中國。相傳唐代四川節度使崔寧的女兒發現用手端茶杯太燙，於是就請當地的一位陶藝家設

威基伍德（Wedgwood）茶具

計了一個可以放置茶杯的茶托。早期成批傳入歐洲的就是成套的茶碗和茶碟。但是，英式茶杯和茶碟的用法可能讓你大跌眼鏡！

「於是他開始吃早餐，沏茶⋯⋯他叉起鹹肉放在火上烤，讓肉油滴在麵包上，然後把薄片鹹肉放在厚厚的麵包上，用一把折刀一塊塊切著吃，把茶倒在小碟子裏喝，這時，他快活了。」（《兒子與情人》，勞倫斯著，陳良廷、劉文瀾譯，外國文學出版社，1987 年）

英國著名小說家勞倫斯（D. H. Lawrence）的長篇小說《兒子與情人》（*Sons and Lovers*）發表於 1913 年，其中對礦工莫雷爾喝茶的動作有一些耐人尋味的描寫。

他還寫道：「莫雷爾拖著疲倦的身軀回到家，問妻子有沒有給勞累了一天的人準備了酒，他太太回答說家裏的酒早就被你喝光了，要喝的話，只有水和茶。莫雷爾的太太給他倒茶……他把茶倒在茶碟上，吹吹涼，隔著烏黑的大鬍子，一口喝乾，喝完又嘆口氣。隨後他又倒了一茶碟，把茶杯放在桌子上。」

礦工莫雷爾總是先把茶杯裏的茶倒進茶碟裏，然後用茶碟喝茶。茶碟除了放置茶杯之外居然還可以用來喝茶，這著實令人匪夷所思。

歐洲人普遍怕燙，不喜歡太燙的食品，也不能喝太燙的飲料。於是，他們就把很燙的茶倒在茶碟中加以冷卻，然後直接從茶碟中啜飲。這樣的喝茶方法大概是荷蘭人發明的，曾經是一種高雅的舉止，在貴婦們中流行。

1701 年在阿姆斯特丹上演的喜劇《茶迷貴婦人》對貴婦人的飲茶舉止有生動的描寫。在下午茶會上，女主人親自泡好茶，倒入茶杯，依次遞給客人。客人們依照自己的喜好加入番紅花和糖，用茶匙攪拌後，把茶倒入茶碟裏啜飲，還不時地發出嘖嘖的啜飲聲，以示對女主人的感謝與欣賞。

那時，茶壺是泡茶工具，茶杯和茶匙是調茶器具，茶碟是涼茶和啜茶的器皿。在當時的荷蘭上層社會，這種從茶碟中啜飲調和好的茶是符合飲茶禮儀的高雅舉止。這種舉止傳到英國，成了英國上流社會的茶桌禮儀，並隨著飲茶的普及而逐漸滲透到下層平民中。後來，英國人發明了有手柄的茶杯，這種飲茶習慣依然盛行，於是18 到 19 世紀之間出產了一種內部較深的陶瓷茶碟。

《喝咖啡的婦人》（*The Woman Taking Coffee*），Louis Marin Bonnet 於 1774 繪。圖中貴婦人正將熱咖啡倒入碟中冷卻。在 18 世紀，人們也如此喝茶。

狄更斯（Charles Dickens）的《博茲特寫集》（*Sketches by Boz*）形象地描寫倫敦街頭的市民生活場景。在其 1836 年第一版的書裏，著名畫家克魯克香克 George Cruickshank 繪製的插畫中，有一幅是描繪一名男子在清晨的路邊小吃攤喝茶的情景。那個頭戴禮帽，身穿燕尾服的男子左手拿著茶杯，右手把茶碟送到嘴邊喝茶。英國維多利亞時代的一些收入較低的上班族家中沒有廚房，早晚餐都在街頭的飲食攤解決。克魯克香克的插畫抓住了上班族在街頭吃早餐、喝茶的藝術瞬間。雖然境遇不佳，在街頭飲茶的紳士也不忘茶桌禮儀。

英國女作家勃朗特（Emily Brontë）在《咆哮山莊》（*Wuthering*

*Heights*，1847 年）中也曾描寫艾德格把茶倒進自己茶碟裏的動作，以及凱瑟琳端著她的茶碟給小表弟餵茶的情景。這表明，用茶碟喝茶的禮儀一直延續到 19 世紀後期。

然而，到 20 世紀中期，以茶碟喝茶及喝茶時發出啜飲聲又被英國人視為缺乏教養的下等人行為。英國著名作家喬治・奧威爾（George Orwell）在英國廣播公司（BBC）工作時有用茶碟喝茶的習慣，還會發出噴噴的聲音，這引起了當時同事的反感。他曾於 1946 年發表一篇〈泡一杯好茶〉（"A Nice Cup of Tea"）的文章，在談論「圍繞著茶壺的神秘社會禮貌問題」時，質問到：「為什麼把茶倒進茶碟中喝是粗野的？」

現在的英國，茶杯就是用來喝茶，茶碟盛放茶杯，喝茶的時候不發出聲音是普遍的社交禮儀準則。英國人對於喝茶這件事似乎缺乏探究的熱情，對歷史也不大了解。下午茶店的老闆娘雖熱衷搜羅古董下午茶具，但當我拿起一個頗深的茶碟，詢問她是否知道這個茶碟可以用來喝茶時，她驚訝地搖搖頭，表示真是聞所未聞。

第 二 章
Chapter 2

英國茶

傳奇

# 茶葉，改變英國

為一個國家作出的最偉大的貢獻就
是賦予其一種有用的植物。

——湯瑪斯·傑佛遜｜第三任美國總統

2.1

The greatest service which can
be rendered to any country
is to add a useful plant to its
culture.

–Thomas Jefferson｜The third President of
the United States

湯瑪斯‧傑佛遜的這句話最適用於茶葉和英國。茶葉與英國的關係是雙向的、互相改變的關係。維多利亞時代（Victorian era，1837-1901年）的英國改變了世界茶葉地理，而茶葉也徹底改變了英國的資本和經濟體系。

在這一章，我們來探索在這個過程中發生的那些驚人的傳奇故事。這其中，以福鈞製造的迄今為世人所知的最大一宗商業機密盜竊案最令人稱奇；1866年環球航海運茶大賽的驚險程度也令人拍案；達爾文的祖父威基伍德開創的英國「官窯」則是一部不折不扣的勵志傳奇；而老茶店川寧和福南梅森屹立倫敦街頭三百年的秘密，以及英國第一茶人簡‧佩蒂格魯與茶的故事，都給我們帶來無窮的靈感與激勵。

19世紀中期，與糖、咖啡、煙草和鴉片地位相若的茶葉儼然躋身於世界產量最高、最暢銷的日用品行列。雖然英國的工業革命並非開始於茶葉的普及，但是隨著印度茶葉的出現，茶葉價格大大降低。它不但成為經濟發展的動力，大大加快了英國的工業化進程，也徹底改變了英國的資本和經濟體系。當大英帝國的版圖擴展到南亞、東非等適合種植茶葉的地區時，就在當地大力發展茶葉種植業，茶葉作為英國殖民地擴張的工具，其影響力迅速擴散。作為糖的最佳伴侶，茶葉的影響力還拓展到了加勒比海和南太平洋一帶的殖民地。

憑藉與東方的貿易，茶葉滋養著日不落帝國的血脈。英國的經濟飛速發展，一個人口稀疏的區區島國能夠在全球長達兩個世紀中確立並維持英鎊巨大的影響力，這堪稱一個奇蹟。

## 茶葉大盜

印度雖然曾經發現野生阿薩姆茶樹，但製成的茶葉苦澀難當，飲用
價值極低。當茶葉大盜羅伯特・福鈞（Robert Fortune）把中國優
質茶種帶到印度後，與當地野生阿薩姆茶種雜交，培育出號稱「世
界茶葉之王」的大吉嶺紅茶。這種甘甜醇美、散發著花果香的新品
種打破了中國茶葉供應的壟斷地位。自此，中國茶在西方的地位一
落千丈，至今也未能翻身。福鈞靠吊著一根假辮子和一把生了鏽的
手槍深入中國內地盜竊茶種的冒險故事，至今還被津津樂道。

## 海上運輸

對於茶葉的需求，加快了海上運輸的發展。在茶葉貿易之初的兩百
年間，東印度公司壟斷了遠東商業貿易。笨重臃腫的「東印度人」
船隻，效率極其低下，新茶通常要經過九個月到一年的時間才能從
廣州到達倫敦，原本質量上乘的優質茶葉抵達英國後變成過期陳
茶，質量一落千丈。

1834 年，東印度公司對華貿易壟斷終結，新的貿易公司不斷湧現，
為了搶先在茶葉貿易市場中分得一杯羹，造船工藝突飛猛進，結構
更精密、速度更快的帆船出現了。

1849 年，《不列顛航海條例》（*Navigation Acts*）撤銷後，美國
船隻得以出入中國。美國人的流線形艦船往返紐約和廣州之間只需
少於一百天，他們能夠趕在英國船前頭到達英國碼頭，卸下一箱箱
中國茶。英國的船舶設計師們不得不挑戰波士頓同業，大幅改進船

體，削減船頭，桅杆傾斜化。短短二十年間，艦船航速得到突破性提高，茶葉運輸的時間大大縮短。新式橫帆三桅運茶快船「飛剪式帆船」（Clipper）誕生了。海上運茶大賽把茶葉貿易變成了具觀賞價值的體育運動。1866 年的環球航海運茶大賽是航海歷史的最高峰，被稱為航海的「黃金年代」。

1869 年，蘇伊士運河啟用，蒸氣輪船代替帆船，速度提升一倍，因茶葉運輸而衍生的航海技術革命告一段落。

## 瓷器工業

茶葉消費的普及、對堅固耐用的瓷器的需求，帶動了英國瓷器工業的發展。歐洲黏土缺少瓷土所需要的必要元素，在低溫燒製下製成的陶器容易破裂，粗糙笨重，質量欠佳。而中國瓷器以高溫燒製，表面覆蓋透明的釉，質地堅固白皙，美觀耐用。英國能夠製造出像中國瓷那樣的優質瓷器嗎？

18 世紀初期，瓷器秘方被破解之後，借助於英國機械化轉型的時機，瓷器加工產業誕生了。除了配方秘訣之外，中國藝術風格也在西方廣為流傳。垂柳寶塔、小橋流水、長袍婦人和恬靜庭院這些東方浪漫情調，深深影響著英國早期的瓷器設計。

約書亞・威基伍德（Josiah Wedgwood）是最早一批拓展瓷器改良工藝的陶瓷藝術家之一。威基伍德的骨瓷見證了中國瓷器在西方發揚光大，逐漸走出歐洲獨特的風格。擁有二百五十年歷史的威基伍德被譽為英國的「官窯」，一直被全球知名人士和社會名流熱烈追

捧，其品牌奮鬥史更是一部勵志傳奇。

## 改變生活

在飲茶之風還未盛行的早期英國，人們依靠飲用酒精這樣的發酵飲料清除寄生蟲、提神醒腦和增加熱量來源。然而到了 18 世紀，啤酒的生產消耗了英國將近一半的小麥收成，這與保證迅速增長人口的糧食供應產生了矛盾。加了糖和牛奶的茶，不但為大不列顛的人們提供了便捷價廉並營養豐富的能量來源，還為女王陛下新大陸殖民地的糖產業找到了穩定的消耗管道。

茶葉貿易的競爭促使茶葉價格降低和質量提高；以茶代酒，給城市化進展迅速的英國帶來了巨大益處。沸水沖茶，淨化了飲用水，從而預防水源性傳染病，保護了全民的健康；工人們有了提神醒腦的新飲料，有助於集中精力完成工作，不必再有喝醉酒的風險；嬰兒們不再受酒精的影響，嬰兒死亡率降低了，全民免疫力提升了。

17 世紀中期在英國上流社會興起的下午茶，到 19 世紀中期逐漸演變成一種大眾儀式。英式下午茶文化以其優雅著稱，風靡全世界。下午四點的鐘聲一敲響，就開啟了一段享受生活的時光——這是家人親密閒談的時光，是朋友之間探訪相聚的時光，也是繁忙工作中的休憩時光。

從最基本的能量來源到優雅的下午茶文化，茶葉徹底改變了英國人的生活。在全民飲茶風行了三百年後的今天，屹立在倫敦街頭的川寧、福南梅森等老茶店歷久彌新，生意依舊紅紅火火。

在這個世界居首的飲茶大國，還有像簡‧佩蒂格魯這樣的茶人，寫了十五本茶書，成立了英國茶學院，被茶改變了命運。

# 茶葉大盜

讓茶代替戰爭。

——蒙提巨蟒｜英國表演團體

2.2

**Make tea, not war.**

–Monty Python｜British comedy group

1848 年秋天，一艘破舊不堪的小舢舨停泊在上海附近的一條散發著惡臭的運河裏。這艘其貌不揚、無人留意的小船裏搭載的乘客卻非同尋常。

一個身材高大、高鼻子、深眼窩的異族人，忍受著脖子以上的疼痛。他的中國僕人正用馬鬃在他頭上編織著，隨著那根鈍鏽長針的上下穿梭，一根烏黑粗糙的長辮垂到腰間。辮子弄妥當後，這個苦力又拿出一把生鏽的剃刀在他的頭皮上刮起來，沒刮幾下，就流下血來。這個吊著假辮子、寬大的中式袍子裏揣著一把生鏽的手槍、模樣怪異的老外，即將開始他在中國的冒險盜竊之旅。他處處小心翼翼，用笨拙的中文解釋道：「我是外省人，來自長城的另一邊。」

他就是羅伯特・福鈞，一個肩負著大英帝國希望之人，一個園藝師，一個植物獵人，一個竊賊，一個製造了人類有史以來最重大的商業機密竊案的商業間諜。

19 世紀 30 年代，英國和中國的茶葉和鴉片的交換貿易進行得如火如荼。英國政府依靠在中國傾銷鴉片賺到的白銀購買茶葉，而中國則用銷售茶葉獲得的白銀來購買鴉片。這兩種植物產品對於兩個國家來說都是非同小可的「必需品」。「綠色黃金」置換黑色毒品，這種恥辱性經貿帶著與生俱來的不穩定基因。女王陛下的臣子們提前嗅到了危機的氣息：中國如果將鴉片種植合法化，就會給大英帝國帶來不能承受之痛。於是當時的印度總督亨利・哈丁（Henry Hardinge）建議：盡可能鼓勵在印度進行茶葉種植。

要把茶樹移植到印度，談何容易。在航海運輸的年代，從閉關自守

的中國獲取成千上萬最優質的茶種和茶苗，並成功運到印度，似乎是不可能完成的任務。另外，找到並偷運身懷絕技的中國製茶師傅更是難上加難。

這不可能完成的任務就交給了福鈞——那個揣著手槍、怪模怪樣、說著蹩腳中文的「外省人」。

違反皇帝「禁止外國人訪問任何一處茶葉種植區」的禁令，步入動亂連連的鄉間，福鈞的盜竊之旅步步驚心，充滿危機。他曾因水土不服，高熱不退，奄奄一息；也曾有過單靠一把手槍擊退海盜的驚險遭遇；還曾在暴雨中流落曠野，面對行李標本散落在泥水中的無奈窘況。

然而，他的旅行更充滿趣味和溫情。他和他的中國僕人鬥智鬥勇又惺惺相惜；他住在搖搖欲墜的松蘿山農戶家，驚奇地發現那裏的農民都是詩人；他曾向中國茶種商人打探保存茶種的白色灰狀物質，答案是讓人啼笑皆非的「蝨子灰」（中國口音說英文，把 rice 說成 lice，其實是「米燒成的灰」）；他曾慨嘆英倫三島的任何一座高山都無法與武夷山的氣魄相比；他又渴又累時喝下盛在袖珍杯子中、散發著蘭花香氣的烏龍茶，頓時心生感激之情；他甚至發現，曾被他形容成「劇毒」的中國酒喝起來也有點像法國葡萄酒般令人愜意。當他接受武夷山寺廟方丈餽贈的珍貴茶樹和茶花時，當他扶起向他行叩首禮的老和尚時，他在兩年的偷竊活動中第　次受到良心譴責，「差點失去重心摔倒在地」。

福鈞的中國之行收穫累累。他不但學到豐富的茶葉種植技術，還解

決了有關紅茶和綠茶是否屬於同一品種的迷思。當時英國人為了這個問題爭論不休，林奈學會（Linnean Society）認為綠茶和紅茶採自不同的茶樹，而且來自不同的種植區。上好的綠茶來自中國北方，而高檔的紅茶則產自中國南方。福鈞拜訪完傳統綠茶產地浙江省和安徽省，以及紅茶之鄉武夷山之後，推翻林奈學會對茶葉的分類法，得出結論：綠茶和紅茶源於同一種植物，只是加工方式不同而已。

在植物遷移的運輸技術環節，福鈞利用沃德箱運輸活體植物和種子，是對全球植物遷移計劃的革命性推動。第一批茶樹種子被裝進帆布袋子或裝在與乾燥的泥土混合的箱子裏。但是所有種子在抵達印度後，沒有一顆可以發芽。第一批成千上萬的茶樹幼苗運抵喜馬拉雅山後，也僅有幾十株存活。整個計劃徹底失敗，福鈞整整一年的千辛萬苦，到頭來，只是個零。危難中的福鈞沒有被失敗打倒，卻積極發揮創意思維。他用四英尺乘六英尺的玻璃箱裝載桑樹苗和大紅袍種子，茶種躺在濕潤的泥土中，憑著沃德箱的保護，獲得充足的陽光和水分，在前往加爾各答的旅途中盡情發芽成長。在抵達目的地時，所有種子都長成了健健康康的茶樹苗，數量之多，數不勝數。這些苗壯的茶樹苗在喜馬拉雅山的肥沃土地上煥發新的生機。

在茶葉加工方面，福鈞也是功不可沒。福鈞深知，把優質鮮葉加工成上等茶葉，靠的是中國成百上千年積累的上乘製茶技術。他所雇用的製茶師都是茶農的兒子，確保擁有世代相傳的製茶手藝。製茶師們獲簽條件豐厚的合同，遠離故土和親人，踏上陌生的印度土地。福鈞由心地尊敬這些專業製茶師，盡可能在各個方面幫助他們。這為印度能夠成功出產並製出世界級優質茶葉提供了又一層保障。

福鈞從中國搜集了成千上萬的茶樹苗和茶種，成功通過改良沃德箱抵達印度。那些樹苗長得生機勃勃，無數茶種處於健康的萌芽階段。這些茶種與當地土生的阿薩姆茶種雜交，孕育出的茶葉富有濃郁的花果香氣，味道甘甜醇美，是未來的世界茶葉之王。雖然我們還無從考證第一批茶樹在大吉嶺生根發芽的確切日期，但可以肯定的是，它們一定來自福鈞的沃德箱。現今，大吉嶺出產的紅茶，花香馥郁，口感香醇，堪稱茶中極品。頭採春茶更是拍賣會上的寵兒，被瘋狂搶購，價格屢創新高。

值得一提的是，福鈞的中國獵茶之行還有另外一個驚人發現。福鈞在參觀工廠時，發現製茶工人的手指是古怪的藍色。當時，倫敦就有中國茶葉存在造假的傳言。他們懷疑中國人為了牟取暴利，把樹枝和鋸末子摻進茶葉以增加重量；還有的把沖泡過的茶葉回收曬乾，再次出售給「洋鬼子」們。原本就岌岌可危的商業信譽，在福鈞的新發現下，徹底崩潰。工人們用一種應用於油畫顏料中的化學物質——普魯士藍給茶葉上色。這種氰化物輕則使人頭暈眼花，意識模糊；重則可以導致昏迷猝死。他還發現，在炭火焙茶的地方，有人繼續把明黃色的石膏粉加入茶葉中。這種物質也是毒藥，不但刺激人的眼睛和喉嚨，也可導致噁心反胃、影響呼吸，長期使用會導致記憶力衰退、頭疼易怒、孕婦流產和阻礙兒童成長。

中國那些賣給洋人的茶葉整齊漂亮、碧綠鮮亮，原來秘訣卻是每一百磅茶葉中混合超過半磅的普魯士藍和石膏粉。福鈞把毒染料偷偷帶出工廠，把這毒害大英帝國臣民的東西帶回英國，並在1851年的倫敦世博會上向全世界公佈。這不但使英國人摒棄綠茶只喝紅茶，還更加堅定了英國自行種植和加工茶葉的決心。這使得中國茶

在西方的地位一落千丈，也預示著中國茶葉在和印度茶葉對抗中將一敗塗地，而且在之後的二百年也不得翻身。

即使在現今社會，福鈞的做法仍會被定義為違法的商業間諜活動。然而，我們不得不承認，羅伯特・福鈞是一個優秀的植物學家和植物獵人。他勇敢、堅定、勤奮，富有同情心。他永遠改變了西方人的早餐結構，也打破了中國的茶葉壟斷地位。其實，在現代社會，任何形式的壟斷都終將被打破，但如何在競爭中生存，趕超對手並持續保持領先地位，是我們需要思考的課題。中國茶產業能否從二百年前的悲劇中汲取教訓，能否在世界重新確立商業信譽，能否再次風靡全世界，我們這一代茶人能夠回答嗎？

# 環球海上運茶大賽

真相就在茶碗裏。

——南坊宗啟｜千利休弟子

2.3

## The Truth lies in a bowl of tea.

–Nambo Sokei ｜ Sen Rikyu's disciple

1866 年 5 月，福州港城迎來了初夏，熱烘烘的空氣中混合著海風的鹹腥和茶葉的清香。頭春新茶上市了。來自閩江上游的武夷紅茶、福州茉莉花茶、閩南烏龍和其他省份的各種茶類在這裏匯聚。茶是最受矚目的商業範疇，中國是唯一的茶葉來源。這些「綠色黃金」迎接來自世界各地的商人、水手。商人們瘋狂收購茶葉，水手們全力以赴地做好遠航的準備，張掛著雪白風帆的十一艘巨型運茶飛剪式帆船，將從福州港羅星塔下啟航，向倫敦飛馳。

一百五十年前那場壯烈的運茶航海大賽，舉世無雙，其激烈程度恐怕只有奧林匹克競賽可以與之媲美。1866 年 5 月 28 日，始於福州港的這場運茶大賽吸引了全世界媒體的目光。這些以速度著名、船體狹長呈流線形、桅杆高聳、可懸掛將近四十張帆布的飛剪式帆船，映著藍天白雲，蓄勢待發。

茶葉在傳統上是通過廣東，多數經過香港，被送往西方國家。東印度公司自從 1600 年成立後的大約兩個多世紀，壟斷了中國茶葉的進口權。隨著 1833 年貿易自由化後，東印度公司失去了獨家經營的特權。而 1849 年航海法的廢除，更使茶葉貿易的國際競爭呈白熱化。這時如何搶先把中國茶葉運送到英國成為競爭焦點。速度決定價格，最先到達的船不僅可以得到豐厚獎賞，所運回的茶葉賣價往往是其他船的兩倍。

美國為了在激烈的茶葉貿易中搶佔先機，於 1830 年代發明了一種三桅杆快速帆船。這種船空心船首，船身狹窄瘦削，整體姿態優雅輕巧，幾乎貼著水面航行，長而尖的曲線剪刀形首柱劈風斬浪，大大減少阻力，得名「飛剪式帆船」。美國商人組建飛剪式帆船隊，

大規模搶佔世界海洋貿易份額，茶葉開始直接從福建運往世界各地，對英國造成了極大的威脅。1850年12月3日，美國飛剪式帆船東方號從香港到達倫敦，以九十七天的航行速度打破以往紀錄，震驚了大不列顛。只有擁有這些最高速和最時尚的船隊，才能彰顯大英帝國的航海實力。英國商人不得不對現有的陳舊船隊做出大規模改革，也積極組建了自己的飛剪式帆船隊。

這一次的比賽雲集速度最快、最漂亮的飛剪式帆船，誰能第一個把中國的春茶運到倫敦，誰就能贏得倫敦茶葉商人承諾的每噸茶葉多十先令的溢價。這些外形優雅的飛剪式帆船由當時最具航海經驗的專業海員駕駛，將乘風破浪一萬六千海里（航海上的長度單位），駛向大英帝國的首都，等待他們的是贏得巨額現金獎賞和留名青史的大好機會。這些船的名字，諸如太平號（TAEPING）、中國人、黑王子和火十字等被列在香港報章上，倫敦的媒體緊張地等待關於第一艘載著珍貴福建茶葉出發船隻的電報新聞。

1866年5月24日是倫敦和香港各大報刊媒體屏息凝氣的日子。在距離福州市外十五海里的閩江羅星塔下，飛剪式帆船的船員們焦急地等待著舢舨運送的新茶貨櫃的到達。隨著茶葉的到來，負責裝貨的中外工人們分秒必爭地忙碌起來，水手們忙完準備工作也主動加入搬運茶葉的隊伍中。就像方程式賽車比賽一樣，裝運茶葉是運茶大賽之前的重要環節，爭分奪秒，期望能在運茶大賽中搶佔先機。為了爭取時間，工人們不分晝夜地輪流工作。初夏的夜晚，暑氣退去，裝載現場忙碌異常，英語、福州本地話、洋涇浜英語夾雜在一起，此起彼伏。清涼的晚風中瀰漫著戰前無形的硝煙和情緒高漲的工人、水手們的荷爾蒙氣息。

三兄弟飛剪式帆船（*Three Brothers*），Currier & Ives 於 1875 年繪。船有 2,972 噸，是當時最大的飛剪式帆船（Clipper Ship）。

劃時代的環球海上運茶大賽一觸即發。

環球帆船賽必定少不了狂熱媒體的陪伴，每一艘飛剪式帆船上都駐紮了多媒體記者，時刻準備著記錄第一手新聞。在航海史上，只有美洲盃和奧林匹克競賽能與這次環球航海大賽相媲美。

那時，最優秀的飛剪式帆船船長，雖然沒有現在的奢華生活方式，但名氣斐然，堪比現在的方程式賽車冠軍種子選手。太平號的唐納德·馬克金儂（Donald MacKinnon）於 1826 年出生於北蘇格蘭，擁有飛剪式帆船船長的典型履歷。他是經驗豐富的老水手，十八歲開始航海，二十三歲榮獲航海家證書。唐納德的大兒子威廉在船上出世，因為身在大海，他錯過了二兒子的出生和夭折（出生七週後）。

火十字號的船長理查德・羅賓遜（Richard Robinson）是 19 世紀多項航海大賽的贏家。而最令羅賓遜打怵的是由著名的約翰・摩爾威・奇（John Melville Keay）船長率領的新建的瞪羚號（ARIEL）。瞪羚號不僅吸引了奇船長最強的競爭對手的眼光，還激發了他從不為人所知的浪漫情懷。他曾經為他的這艘船寫下無比浪漫的句子：「對於每一個看見她的海員來說，瞪羚都是絕色的美人⋯⋯在你滿足的目光裏，你不可救藥地愛上了她。」她是那麼引人矚目，以至於船運公司一致同意最先裝載瞪羚號。裝載幾千個木箱裏的一百二十萬磅重（約五百六十噸）新茶率先登上瞪羚號，這意味著瞪羚號可以率先起錨。她還可以用僅有的幾隻蒸汽拖船幫助她駛出狹窄並容易擱淺的河出口，直奔中國南海。

火十字號的統帥羅賓遜出了名的好鬥，他被瞪羚號提前啟航激怒了，於是命令他的船馬上出發，把所有文件拋在腦後不顧。《中國郵政報》描述到：火十字號在未簽署任何文件的情況下私自離岸，甚至沒有簽貨運提單。

斯瑞卡號的船長喬治・英尼斯（George Innes），是好幾項比賽的優勝者，和另外一個蘇格蘭水手被譽為好酒量的獨行俠。瞪羚號搶佔了先機，讓英尼斯船長憤怒到極點，命令所有船員不眠不休，奮力追趕。

然而，性急的羅賓遜繞過河彎時驚喜地發現，瞪羚號居然還未起錨，蒸汽拖船出了毛病！吃水淺的火十字號可以在淺灘航行，在船員們得意的嘲諷中，火十字號超過她的對手，揚長而去。當時，各艘船的船員們都下了大賭注，沒有什麼同情可言。排除了蒸汽船的

《瞪羚號和太平號，中國茶葉飛剪式帆船比賽》（*ARIEL& TAEPING, China Tea Clippers Race*），Jack Spurling 於 1926 年繪。

故障後，瞪羚號終於在十二小時後啟航，隨後的船隻有太平號、斯瑞卡號，幾天後，由拿斯福（Nutsford）船長率領的泰興號也出發了。

去倫敦的競賽開始了。

海浪不間斷地瘋狂拍打著船體，船員們在一連幾個星期裏經歷著寒冷和酷暑的考驗。大多數時候，他們都竭盡全力，不眠不休地工作，爭取一點點的優勢，那是成敗的關鍵。

三桅飛剪式帆船，二百英尺高，全速行駛時達到十四節（每小時航行一海里的速度叫做一節），全帆張開達兩萬五千平方呎，甚是雄偉。這次航行，船的速度大大提高，船員們都是業內菁英，航海科技在當時也有長足進步，這是一場史無前例的偉大競賽。

對於奇、馬克金儂、羅賓遜和英尼斯來說，速度決不意味著單純的體育競爭。當時，每艘船都載了幾百萬磅的新茶，這些茶到埠的價格是每噸七英鎊，另有多重獎金和第一名到達的每噸十先令的溢價。

1866年航海大賽中，飛剪式帆船的船長們幾乎不能離開甲板，他們要竭盡全力，使出渾身解數來爭取一點點的優勢。

海上生活環境惡劣，船艙狹窄、潮濕，充滿噪音和惡臭。船員們每天睡眠不超過四小時，船身不斷搖晃，即使最有經驗的海員也逃不脫暈船的困擾。

19世紀，沒有全球定位系統、雷達、無線電話、現代導航輔助，也沒有在災難時刻能夠拯救他們的直升機。海員們除了必須忍受艱苦的海上生活之外，還要求全程高度精神集中，需要付出超強的體力和腦力。

導航是棘手的工作，圖表上佈滿錯誤標註的礁石。整個六月裏，為了讓火十字號保持領先瞪羚號，羅賓遜不停咒罵他的船員。太平號和斯瑞卡號緊隨其後，泰興號也跟上來了。7月19日，幾艘領先的船隻在互相看不見的情況下齊頭並進。7月底，太平號超過了火十字號。這些茶船在無邊無際的大海上乘風破浪，奮勇前進，在經過印度洋的狂風暴雨洗禮後，損失慘重。瞪羚號甚至失去了兩中桅、上桅和最上翼的橫帆。7月27日，在路過南大西洋的聖海倫娜島時，風頭十足的瞪羚號落後成了第四位。

然而，每艘船實際上相差無幾。8月份，從赤道向北穿越時，領先

的船隻變了好幾次。9 月 6 日，領先的瞪羚號進入了英倫海峽。離開福州的第 99 天，奇看到右舷方向有一艘帆船。「第一直覺告訴我，那是太平號。」奇在他的一封信中寫道。之後證實，那就是太平號。馬克金儂連夜追趕上來。兩艘船的船員們在福州港一別之後，在颳著強勁西南風的英倫海峽再次相見。冤家路窄，他們各自拚了全力，利用每一寸風帆，讓載著幾百萬磅福建茶葉的兩艘飛剪式帆船一爭高下。

快到英國時，瞪羚號與太平號並駕齊驅。排名如此接近，爭奪如此激烈，在帆船大賽史上絕無僅有。關於兩艘茶船在英倫海峽展開最後競賽的新聞迅速傳播，兩艘船的最新動態成為英國舉國上下最為關注的熱點新聞。各大報章爭相報導，《中國郵政報》便對「激烈的海上爭鬥」展開了長篇報導。

瞪羚號船長奇在航海日記上寫道：「9 月 6 日早晨 5 點，看見太平號邊走邊發信號，我們必須趕在他們前面接上領港員。5 點 55 分，我們靠近領港員的小船……就在瞪羚號就要取勝時，太平號奮力直追，終於利用拖船優勢反超瞪羚號，領先 20 分鐘進入英國船塢。」雖然太平號險勝，但差距實在是太微乎其微了，最後雙方的代理公司和所有者達成協議，平分每噸十先令的溢價獎勵。

令人震驚的是，11 點 30 分，不到兩個小時後，斯瑞卡號到達，爭得了第三名。第二天傍晚，火十字號到達，屈居第四名，船長和船員們都羞愧難當。

奇在十月份又一次登上了報紙頭條。他駕駛瞪羚號，頂著猛烈的東

北季風離開倫敦，駛向香港，八十三天到達，打破了世界紀錄。羅賓遜從失望中站起來，駕駛最先進的新款飛剪式帆船萊斯洛特爵士號重新啟航，繼續他的航海競賽生涯。與奇慷慨平分一百英鎊獎金的麥克金儂就沒那麼幸運了。到達倫敦幾週之後，他的兄弟——也是一名飛剪式帆船船長，在艾倫‧羅傑號沉船時失蹤。10月11日，他駕駛太平號開往上海，路過非洲大陸南岸時患病，死在回家的運輸船上，年僅四十，葬於開普敦。

1866年太平號和瞪羚號在繞行地球四分之三的競賽中，僅僅花了九十九天就到達倫敦，刷新了當時的世界航海紀錄。整個西方社會都為這次環球海運競賽沸騰了。這是英國歷史上最後一次運茶比賽，也是航海熱情的最高峰，被稱為「航海黃金年代」。之後蒸汽船的出現終結了帆船時代，帆船時代的運茶大賽也在輝煌中落下了帷幕。

# 英國「官窯」——
# 威基伍德（Wedgwood）

茶是有關生活藝術的宗教。

——岡倉天心｜《茶之書》

**Tea is a religion of the art of life.**

–Kakuzo Okakura｜*The Book of Tea*

2.4

威基伍德雛菊系列（Daisy Tea Story）茶具套裝

一席完美的英式下午茶，精緻優雅的陶瓷茶具絕對是席上最引人注目的焦點。你可知道，有一種陶瓷下午茶具不但美得絕倫，還堅固得驚人，四隻杯子可以托起一輛十五噸重的運土車；它被稱為「世界上最精緻的瓷器」，是「品味的代名詞」；它讓無數皇家貴族趨之若鶩。

它，來自西方。而其創辦人則被譽為「英國陶瓷之父」、「工業革命最偉大的領袖之一」，還是《物種起源》（On the Origin of Species）作者達爾文的外祖父。它就是來自英國的威基伍德（Wedgwood），歐洲瓷器中的佼佼者。18 世紀，英國喬治三世

派遣使節參訪中國時，曾經贈送乾隆皇帝一套精緻的威基伍德瓷器。乾隆皇帝對其精緻細膩的彩繪，珠圓玉潤的觸感讚嘆不已。

瓷器，曾是中國傲視全球的偉大發明，以至於在英文中「瓷器（china）」與「中國（China）」是同一個詞。但是，18世紀初，當陶瓷的秘方被歐洲人破解之後，陶瓷在西方發揚光大，無論是陶還是瓷，都發展出歐洲獨特的風格特點。骨瓷就是一個代表。骨瓷不但擺脫了普通瓷器易碎的缺點，堅固耐用，而且色澤光滑潔白，胎體玲瓏剔透，保溫性好。

威基伍德的骨瓷、陶器和紀念盤，不僅是皇家御用，也被收藏家視為寶物。創建於1759年，擁有二百五十多年歷史的威基伍德，是英國的「官窯」，一直被全球知名人士及社會名流熱烈追捧。它的盛名，正如同19世紀的大不列顛帝國，太陽永不落下。

威基伍德寫下了中國之外的一段名瓷史。其創辦人約書亞·威基伍德的傳奇奮鬥史更是一部勵志的好典範。

## 傳奇人物——約書亞·威基伍德

1730年，一個窮苦的製作陶器的工人家庭迎來了一個男嬰。這個有著不幸童年的苦命男孩就是約書亞·威基伍德。他九歲那年，作為一家經濟支柱的父親去世了，年齡最大的哥哥挑起了家庭的重擔。約書亞小小年紀就在家裏的製碗作坊裏學習拉坯製陶，天真無邪的年齡就飽嚐人生的艱辛苦澀。

更不幸的是，他十六歲那年被傳染了致命的天花，雖然最終撿回一條命，但是這場大病使他落下右腿虛弱無力的毛病。惡運接踵而至，一次騎馬意外中，他的右腿受傷，造成殘疾，終生行動不便。

不過，「天將降大任於斯人也，必先苦其心志，勞其筋骨，餓其體膚……」塞翁失馬，焉知非福，也可能就是行動不便的機緣，讓威基伍德可以潛心研究陶瓷技術，把全部精力專注於陶瓷工藝的科學研究上。

他的陶瓷技術日益精進，在當時受到陶瓷大師湯瑪斯‧威爾頓（Thomas Whieldon）欣賞。威爾頓主動與威基伍德合作，共同研究陶瓷的燒製技術。然而，不久之後，刻苦鑽研的威基伍德在技術上超過了威爾頓，於是他有了自己獨立辦廠的想法。

## 努力不懈的發明家

1759 年，深思熟慮的威基伍德毅然回鄉，成立了威基伍德陶瓷廠，專門生產自己設計的陶器。當時，他們生產一種外觀潔白亮麗的白色陶瓷（creamware），價格卻比一般的陶瓷便宜，很快就在市場上掀起搶購熱潮。有些廠家買入這些白瓷之後再上釉加工，加印紋飾，轉手賣去歐洲其他國家和美國。這樣，威基伍德陶瓷在歐洲市場打響了第一炮。

1765 年，威基伍德受到英國王后夏洛特青睞，特許它為皇家御用精品，並准許它使用「王后御用」（Queen's Ware）的名號。從此，威基伍德在皇室、貴族和上流社會嶄露頭角。

使得威基伍德瓷器名聲大噪的一張訂單來自俄國女皇凱薩琳二世。這張極具挑戰的訂單訂了全套九百五十二件午茶、晚餐及點心等多用途乳白餐具套裝。威基伍德工廠本著精益求精、大膽創新的精神，在每件瓷器上都繪上獨一無二的英格蘭鄉村風景工筆畫。總計一千二百四十四幅美妙絕倫的圖畫，配以精美瓷器，使整套餐具成為舉世無雙的藝術品。自此，威基伍德的聲望如日中天，歐洲包括法國和德國的許多工廠都紛紛仿效威基伍德，生產米白色陶瓷。

那時的約書亞‧威基伍德雖然在事業上取得非凡成就，但仍然不辭辛勞地醉心於陶瓷技術與材質的研發。1774 年，其招牌產品「綠寶石」（Jasperware，浮雕玉石系列）系列誕生了。這其實是一種堅硬無氣孔的粗陶器，並不像陶瓷那樣光滑透亮。威基伍德發明了一個秘密配方，就是把綠寶石半寶石粉末加入陶土，使其在燒製出來後展現出一種美麗、內斂、不可言喻的色調。經過上萬次實驗，威基伍德才選擇了一種藍色，用這種藍色陶瓷製作的瓷器有著神秘的藍色調，既低調又不失奢華，既古典又極具現代氣息，大獲成功。這種藍，被稱為「威基伍德藍」（Wedgwood Blue），也是英國瓷器的象徵。其粉藍招牌色也是從這個系列研發而來。除此之外，威基伍德還能燒製黑色、粉色、粉綠、粉黃等不同色調，創意超群的他聘請當時著名的雕刻家約翰‧斐拉克曼（John Flaxman），將其創作的雕像和浮雕花樣翻製在胎體。這些白色的裝飾物與胎體本色形成強烈對比，立體效果驚人，華麗異常，賦予浮雕玉石系列非同尋常的藝術特色，件件作品都洋溢著浪漫與尊貴，皆為傳世的藝術精品。

創新的腳步永不停止，1812 年，威基伍德首次推出精緻耐用的骨

威基伍德浮雕玉石系列（Jasperware）花瓶

瓷（bone china）餐具。骨瓷是指融合了 35% 以上的動物骨粉與球狀黏土、高嶺土製作而成的瓷器。由於添加了骨粉，燒製難度隨骨粉比例增加而增加，而威基伍德的動物骨粉則高達 51%，以擁有全世界最高動物骨粉含量為特徵，色澤純白，質地輕盈，手感溫潤，堅硬不易碎，具有良好的保溫性以及透光性。自此，威基伍德的瓷器頻頻出現在舉世聞名的各個重大場合。1902 年美國老羅斯福總統在白宮舉行盛宴，1936 年瑪麗皇后號豪華郵輪首航，1953 年英國伊莉莎白女王加冕，在這些著名的世界大典上，總少不了威基伍德瓷器。1988 年 9 月，威基伍德在一次茶品展示中，讓四隻骨瓷咖啡杯平穩地撐起了一輛重達十五噸的運土車，堪稱世界最堅固的瓷器。

## 品質卓越

威基伍德的產品價格昂貴，皆因其一直以手工製作為主，優質的材料、匠人細緻入微的工序，都是機械化不能代替的。威基伍德的工匠需要經過長時間的嚴格培訓，拉線四年、手工上釉兩年、打粉七年、煉金七年，技藝高超的浮雕裝飾也許得花上一生的時間。在一切機械化的今天，這種獨具匠心的高品質產品標以昂貴的價格，的確合情合理。而且，威基伍德須專門訂製和限量生產，更使其成了尊貴瓷器的代名詞。

威基伍德的瓷器高貴細膩、風格簡潔、藝術氣息濃厚，設計走古典主義風。直到今天，眾多設計精美的威基伍德產品依舊完美詮釋著其品牌的傳統內涵。《大英百科全書》（*Encyclopedia Britannica*）對被譽為「英國陶瓷之父」的威基伍德是這樣評價的：「對陶瓷製造的卓越研究、對原料的深入探討、對勞動力的合理安排，以及對商業組織的遠見卓識，使他成為工業革命的偉大領袖之一。」

## 全球化的威基伍德

經過百年經營，威基伍德儼然成為精品餐瓷的代名詞。其在餐瓷圖紋設計上不斷推陳出新，至今已有超過百種設計，既承襲了歐洲皇室優雅的歷史特質，也加入了當代流行的元素，將傳統與創新融合一起，創造出各式受歡迎的花色。為了豐富商品系列，1986年威基伍德與愛爾蘭水晶品牌 Waterford 合併，正式成立 Waterford Wedgwood 集團，隨後於 2005 年合併英國 Royal Doulton（皇家

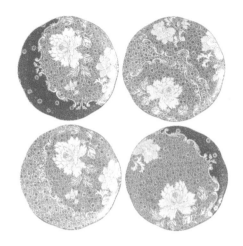

威基伍德雛菊系列茶杯茶碟

道爾頓）品牌，每年的瓷器生產量佔全英國瓷器總量的 25%，更曾十一度獲得女皇授予獎章，以表彰其對出口貿易的貢獻。

2009 年 3 月，威基伍德經過財務重組，由 KPS 私募股權公司接手，於倫敦註冊成立新公司 Waterford Wedgwood Royal Doulton Holdings Limited（WWRD 控股公司）。WWRD 控股公司是全球奢華家用與生活風格商品領導者，並以眾多知名品牌在全球銷售商品，包括 Wedgwood、Waterford、Royal Doulton、Royal Albert、Minton 及 Johnson Brothers。在中國，各大城市的高檔商場亦有它的專櫃，售價不菲。

兩百多年的歷史比起中國上千年的瓷器歷史，實在是微不足道，更何況西方早期使用的稱得上是奢侈品的精美瓷器全部來自中國。然而，現在威基伍德反而成了國人的奢侈品。之所以能夠被如此另

眼相看，除了它顯而易見的尊貴感外，關鍵在於它把奢華潛移默化地融入日常生活中，在盡情發揮想像力創造力時，不忘器皿的實用性，使其產品在藝術價值和生活之間得到完美的平衡。

## 最新系列

### Queen's Ware 系列

威基伍德的乳白瓷器（Creamware）是最早為其打開市場的獨門發明，推出後更榮獲英國皇室特許以「Queen's Ware」（王后御用瓷器）為名。威基伍德的這個系列締造了多個絕美的藝術品。其代表之一就是古希臘神話人物阿里阿德涅的雕像。美麗的阿里阿德涅愛上了雅典英雄忒修斯，卻在熟睡中被情人遺棄在納克索斯島。睡夢中的阿里阿德涅姿態優美動人，乳白色的光澤將她渲染得更加柔和溫暖，厄運降臨前的一刻，她是安詳幸福的。威基伍德的乳白瓷純潔朦朧，為整個雕像籠罩了一層淡淡的傷感，是眾多阿里阿德涅古典藝術品中的上品。

### Blues 系列

浮雕玉石，是威基伍德最具代表性、最重要的設計發明之一，被譽為繼中國發明瓷器之後的最重要、最傑出的陶瓷製造技術。這種無釉陶瓷最具代表性的顏色是被稱為「威基伍德藍」的粉藍色。其圖案為純白色浮雕，工藝極其精細。當中一款蛇形把手寶瓶最早出現在 1787 年，瓶身刻繪的是「邱比特的獻禮」：上身為花瓶，下身為四方基座，飾有四位分別掌管文學藝術、歌唱、舞蹈和敘事詩的女神，古典意味濃厚，溫雅浪漫，寓意美好。

威基伍德 Blues 系列的
茶杯及茶碟

### 彩蝶戀花（Butterfly Bloom）系列

18 世紀紅茶館風行的英格蘭，社交名媛恢意地消磨午後時光，享受一絲自由片刻。彩蝶戀花正是為了捕捉當代名媛顧盼風姿的社交風情而設計。唯美復古的花形圖案饒有趣味地展現輕鬆寫意的花園茶館景象，非常適合忙碌生活中偶爾小小放縱、期待獲得喘息空間的閒情雅士們，是一眾摯友小聚片刻之最佳繽紛茶具組。

### 杜鵑（Cuckoo）系列

蝴蝶飛舞，花朵綻放，威基伍德春天禮讚系列推出「杜鵑」花色，運用 19 世紀「花鳥」設計圖案，透過粉紅色、綠色、藍色和桃紅色的靈活運用詮釋春天的浪漫情懷。設計新穎明亮，高貴典雅，讓人愛不釋手。此款下午茶系列包括全套茶具，從茶壺、茶杯、碟子、茶罐，到茶漏及蛋糕架，應有盡有，是下午茶會吸引眼球的熱門之選。

### 茶之花園（Tea Garden）系列

威基伍德的茶之花園系列是一個完整的茶飲概念。此系列選用精緻

杜鵑系列的茶壺、糖罐
和奶罐。

骨瓷所製的茶具搭配玻璃器皿，為完美的沏茶和品茶時光做好最佳準備。四款不同花樣設計的瓷器，每款包含優雅的一杯一碟和馬克杯，皆巧妙對應一款取材天然、包裝精美的特選風味茶種（薄荷綠、覆盆子、黑莓、檸檬薑）。茶具的花飾風格取自威基伍德逾兩百五十年的珍貴圖案庫，四款精挑細選的設計圖案用瑰麗色彩描繪出大自然中的水果和奇花異草，令人愉悅。系列中還有採用當代手法演繹的托盤，以及附有濾茶器、陶瓷蓋子的玻璃茶壺。

# 川寧（TWININGS）傳奇

一杯簡單的茶從不簡單。

──瑪麗・羅・海斯｜美國作家

A simple cup of tea is far from a
simple matter.

–Mary Lou Heiss │ American writer

2.5

寧靜優雅的泰晤士河穿過倫敦市區,向北蜿蜒,又向東延伸,泰晤士河兩岸孕育了最古老的倫敦城區。在河北岸,坐落著倫敦最古老的茶店,具有三百年歷史的川寧(TWININGS)茶店。

走在寬闊的街道上,放眼望去,尋找腦海中那個雍容典雅的川寧茶店,發現川寧的門臉極小,與其名揚四海的盛名相比,可真不算氣派。白色門面,金色招牌,門頂上兩個泥塑的清朝中國人和一頭黃金大獅子格外引人注目。

走進狹窄、呈長條狀的茶店,立刻被兩旁厚重的木架上琳瑯滿目的茶葉所吸引。與其說這是一間茶店,倒不如說這是一個迷你茶博物館。穿過來自世界各地的茶品,瞻仰掛在牆上的川寧家族畫像;路過品茶吧,來到茶店最盡頭的「川寧茶歷史紀念館」。這裏陳列著早期英國茶具、手繪茶品傳單、包裝盒和各式精美茶罐等歷史文物。三百年來的英國茶文化發展史展現在眼前,暗暗欽佩川寧品牌對茶的鑽研和傳承。

川寧家族早期從事紡織業,由於紡織業衰退,九歲的湯瑪斯·川寧(Thomas Twining)隨家人移居到倫敦發展。懷有野心和夢想的湯瑪斯長大後,毅然放棄了紡織業,立志要擁有自己的店舖。他向當時掌握英國貿易的東印度公司商人學習買賣技巧時接觸到了來自東方的茶葉。他看準茶葉這一行,不斷學習,為以後在茶葉生意上大展拳腳奠定了堅實的基礎。

1706 年,湯瑪斯在倫敦開設了「湯瑪斯咖啡館」,與倫敦金融城僅有一牆之隔。這裏售賣最上等的茶葉,令皇室貴族們心馳神往,

倫敦川寧旗艦店入口

文人雅士們聚集在咖啡館裏品茶、聊天、做生意。當時常常有女士們乘著馬車在店外等候（當時咖啡館不允許女士入內），請馬伕代勞購買名貴的茶葉。1717年，湯瑪斯買下隔壁店舖，改裝成茶館和咖啡館，還售賣散裝咖啡和茶，這個世界上第一個售賣散裝咖啡和茶的商店，就是今天的川寧茶店——斯特蘭德（Strand）二百一十六號。川寧茶館還成了貴族夫人們聚會的熱門場所，她們陶醉在午後用小巧中式茶碗品茶的美好時光，因為這是唯一一家專為那些貴婦們提供品茶及買茶之所，附近其他的咖啡館大都只有男士才可以光臨。

湯瑪斯・川寧

經營得法的川寧深獲英國皇室推崇，維多利亞女王、喬治五世、愛德華七世、亞歷山德拉王后等皇室成員對其極為青睞和讚賞。1837年，維多利亞女王將第一張「皇室委任書」頒發給川寧，川寧茶被指定為皇家御用茶，一直沿襲至今。川寧更曾在 1972 年和 1977 年兩次獲得英女王伊莉莎白二世頒發的「出口產業獎勵獎」，成為第一家被獲准出口的茶公司，成功邁入世界文化市場。

「The world in your cup」是川寧的最好詮釋。川寧從世界各地茶園採摘最新鮮的茶葉，採取嚴格的質量監控措施，保證茶葉的風味和質量始終如一。英國茶以混合茶和調味茶著稱。每一個大品牌都有其獨特的配方茶，川寧更是憑藉三百年的專業技藝造就了一系列極富創意的暢銷經典茶款。其中，川寧經典伯爵茶就是最好的例子。它是川寧為格雷伯爵調配的一款茶，如今是聞名世界的英國經典茶款。

茶店內部「川寧茶歷史紀念館」展品

伯爵茶的名字來自查爾斯·格雷（Charles Grey）——格雷伯爵二世於1830至1834年任英國威廉四世國王的首相。據說，他在任時，派往中國的一個外交使節因偶然救了一位中國清朝官員的命，這名官員為了感謝，贈與伯爵一種味道好聞的茶葉，這種特別的味道來自茶葉中加入的香檸檬油。格雷伯爵非常喜歡這種茶，就要求川寧公司為他調配。拜訪伯爵的客人也很讚賞這種茶，並詢問哪裏可以買到，於是伯爵家族允許川寧公司公開銷售這款茶。伯爵茶因此得名，並開始流行。

川寧的第三代經營者理查·川寧（Richard Twining）將家族事業推上高峰。他利用他的社會影響力，成功說服英國政府大幅度降低

川寧是世界上最古老的茶葉品牌，
也是世界上最古老的茶葉公司。

茶葉稅，使得茶葉價格大大降低。自此，喝茶再不只是皇家貴族的高端享受，普通民眾也能喝得起。他還發展銀行業務，當時許多人在川寧銀行將支票直接兌現茶葉。川寧掀起的茶葉熱潮持續了好幾代，二次世界大戰期間，倫敦市區遭受砲火猛烈轟炸，但在警報解除後，大家自行從川寧店中搬出桌椅，繼續他們被砲火中斷的下午茶。

在過去的三個世紀，位於斯特蘭德的川寧茶店生意一直紅紅火火。川寧創辦人的初衷一直未變——只賣最好的茶葉。現在，有超過兩百個品種的川寧茶在世界一百一十五個國家售賣，其始終如一的頂級品質和絕佳的口感深受全世界愛茶人的熱愛。

川寧，就是一個傳奇。

# 獲「皇家認證」的福南梅森（Fortnum & Mason）

我喜歡茶賦予我的片刻休憩。

——阿魯瓦利亞｜印裔美籍設計師及演員

I like the pause that tea allows.

-Waris Ahluwalia｜Sikh American designer and actor

2.6

一說到英國的冬天，你可能聯想到又冷又濕，陰雨連綿；一講到英國皇室，你一定想到奢侈華麗，高貴典雅；一說到茶，不由得想起英國政治家威廉·尤爾特·格萊斯頓男爵（William Ewart Gladstone，1809-1898 年）所寫的一首詩：

| | |
|---|---|
| 當你寒冷時，茶會溫暖你； | If you are cold, tea will warm you; |
| 當你燥熱時，茶會清涼你； | if you are too heated, it will cool you; |
| 當你失意時，茶會鼓舞你； | if you are depressed, it will cheer you; |
| 當你得意時，茶會平靜你。 | if you are excited, it will calm you. |

你可想跟隨凱特王妃逛逛她喜歡的商場，過一把時尚王妃購物癮？你想不想跟著康瓦爾公爵夫人卡米拉到她最鍾愛的茶葉店選購皇家茶？是否期待坐在英女王伊莉莎白二世喝茶的桌子邊嘆一杯她最愛的正宗英式下午茶？

別說不可能，因為位於倫敦市中心奢華的梅菲爾區（Mayfair）皮卡迪利（Piccadilly）一百八十一號的福南梅森（Fortnum & Mason），大門永遠向世界各地的朋友敞開。

這裏是英國皇室、貴族以及上流社會經常光顧的體驗式購物天堂。福南梅森不僅有來自全球的頂級美食美酒、世界各地的優質茶葉，更有英國女王攜凱特王妃揭幕的鑽禧茶坊和五家高檔餐廳。客人不僅可以在這裏體驗高檔的英倫生活方式、品嚐地道的皇家下午茶，還可以在商店挑選貴族風格的精美茶葉或禮品作為手信。在這裏逛商店，你真有機會邂逅英女王、凱特王妃和康瓦爾公爵夫人卡米拉呢。

## 與皇室和茶葉的淵源

福南梅森、茶葉和皇室是怎樣的關係？為什麼英女王唯獨鍾情這裏的茶葉？有什麼理由拋離利思卡爾頓成為英女王最愛的下午茶店？一個百貨商場，怎麼就和皇室有了千絲萬縷的聯繫？這其中的秘密和故事請聽我慢慢給你道來。

在英國，茶和「福南梅森」這個名字交織在一起已經超過三個世紀。這個傳奇故事開始於 1705 年休・梅森（Hugh Mason）在倫敦聖詹姆士廣場一個不起眼的小商店。當時富有創業精神的威廉・福南（William Fortnum）為英國安妮女王（Queen Anne，1665-1714年）皇室的馬伕。

任職馬伕的福南可不是等閒之輩，他觀察到當時皇室每晚都要更換新的蠟燭，而點過的上好的蠟燭還剩下一大半就被扔掉太可惜，於是萌發了售賣皇室廢棄蠟燭的念頭。在梅森家的一個小房間裏，福南和梅森這對黃金搭檔一拍即合。於是 1707 年售賣雜貨的福南梅森百貨公司誕生了。

而福南梅森和茶葉的深厚淵源，歸功於福南一個當時在進口茶葉的東印度公司工作的表哥。與東印度公司的良好關係，為他們贏得了銷售東方茶葉的機會，從而兩個年輕人得以依靠茶葉建立起他們的夢想王國。從西方與遠東開始貿易，到英國本土第一次收穫茶葉，福南梅森從世界各地採購、調配，致力於把最優質的茶葉提供給英國的消費者。

近一百五十年來，福南梅森擁有多個「皇家認證」（Royal Warrant of Appointment），象徵著品牌享有極好的商業信譽。在漫長的維多利亞女王統治時代，福南公司第一次得到皇家御用權證。1863年3月2日，公司被任命為威爾斯親王的食品雜貨供應商。直到現在，公司仍然為伊莉莎白二世提供食品雜貨，為威爾斯親王提供茶葉及食品雜貨。

早期，珍貴的茶葉被運輸到英國需要十二至十五個月。跨越半個地球把茶葉運輸到目的地，沉重的關稅，造就了茶葉只屬於貴族享受的事實。到1707年，黑市的荷蘭走私茶葉摻假嚴重，於是挑剔且遵紀守法的茶客們蜂擁而至，在福南梅森購買合法、有質量保證的茶葉。當時最暢銷的就是專門為配合長途運輸而製造，滋味醇厚而濃郁的紅茶。

鴉片戰爭之後，從約1860年開始，英國85%的茶葉從印度和斯里蘭卡進口，只有12%從中國進口。這個時期的茶葉又一度變得很貴。福南梅森憑藉高質素的茶葉，擁有在這片土地上最富有的一群茶葉買家。中國茶進口銳減，變得很稀有，逐漸成為專業飲茶者選用的茶品，當時也只能在福南梅森買到。

今天的福南梅森，還是皮卡迪利街頭一道清新亮麗的風景。位於一樓豪華大廳的茶葉專區更是愛茶人的天堂。精美的茶葉罐裏承載著來自世界各地不同產區的各種茶葉，每個罐子上都詳細標註茶葉產地、級別和季節等信息。從中國內地的祁門、龍井，到印度的大吉嶺，斯里蘭卡的錫蘭，乃至台灣的凍頂烏龍；從經典混合茶、調味茶到產地茶、茶園茶，品種繁多，令人眼花繚亂。當你的選擇障礙

症發作時，一位身穿黑色得體西裝的老先生會和藹地詢問你的口味偏好，他似乎知道每一種茶的背景和滋味，和這位資深導購攀談幾句，不但選擇範圍立刻縮小，還被他的優雅淡定、詼諧從容談吐所折服。

三百零八年來，福南梅森一直都是倫敦市中心最具歷史意義和紀念價值的購物聖地。英國茶歷史更與福南梅森的茶商歷史緊密相連。福南梅森之所以長青不衰，在皮卡迪利成功屹立三百年，歸功於他們精益求精的商業理念。福南梅森致力於為全球顧客提供最美味的食物、最精美的禮物和最頂級的用餐體驗。皮卡迪利一百八十一號的深厚文化底蘊、與皇室的悠久聯繫，以及完美的商品與服務，是其成功的秘訣。

曾經，這裏是遙遠國度的高質量茶葉在英國的落腳地，現今也是這個崇尚茶文化、茶葉消費大國見證完美茶湯的中心地帶。要購買高品質茶葉，感受高尚優雅的英式下午茶，尊享舌尖上的英國，還是非福南梅森莫屬。

# 茶，徹底改變了我的生活——簡·佩蒂格魯

改變生活從每一天開始。

——約翰·麥斯威爾｜美國作家

You will never change your life until
you change something you do daily.

–John C. Maxwell｜American writer

2.7

「是秋天的熟果香，加上醇厚的炭火風味。」簡端起剛剛泡好的炭焙烏龍說：「我喜歡這種豐富的層次感和華實的感覺。」炭焙烏龍茶是簡最喜歡的茶品之一，也是她日常經常沖泡的一款茶。我品著這來自遙遠中國的橙紅透亮的茶湯，像她說的，品出了一種活力與風華的味道。

她親切溫婉，舉手投足又透露著高貴優雅的迷人氣質。如果有「世界第一茶夫人」，那非英國倫敦的簡‧佩蒂格魯（Jane Pettigrew）莫屬。

簡是英國著名茶葉專家、茶史學者、作家、英國茶業協會資深顧問和英國茶學院的課程總監，也曾擔任《茶時光》（TeaTime Magazine）雜誌特約編輯。2016 年，她被授予「茶葉生產和歷史研究」英國皇室獎牌，嘉獎其在茶產業和茶歷史方面所做出的貢獻。她還於 2014 及 2015 年相繼在世界茶業頒獎典禮上獲得「最佳茶教育者」、「最佳茶人」和「最佳健康推廣」的獎項。目前，簡已經出版了十四本茶書和十八本飲食相關書籍，其中兩本茶書被翻譯成中文在國內發行。簡在英國茶方面做出了卓越貢獻，曾在中國中央電視台《茶，一片樹葉的故事》第五集〈時間為茶而停下〉中主持英國茶文化部份。

## 茶，徹底改變了我

「茶徹底改變了我的生活。如果茶沒有找到我，我可能還是一個學校老師，可能從來不曾有機會遊覽那麼多和茶有關的國家和地區。」她纖長睫毛下的褐色眼睛閃著光芒。「茶教我尊敬其他國家，

帶著開放的頭腦和心去尊重各國文化。」

簡的職業生涯前十二年是在學校裏做一名語言導師，教授法文、托福（TOEFL）英文和 ESL（以英語為第二語言的）英文。1983 年，她和兩個朋友買下倫敦西南部的一個五層樓建築。當時三個人都不知道買下物業可以做什麼。由於她們都熱衷於烘焙，喜歡舉辦下午茶會，因此自然而然就想到開一家茶室。

但是，她們決定不開老式茶室，而要開一家風格時尚、傳統之外有著獨特藝術裝飾的茶室。於是，三個人鑽進古董店、舊貨市場，發掘 1930 年代出品的各種瓷器和茶具。

1983 年夏天，充滿個性和藝術風格的「茶時光」（Tea-Time Tea Shop）開業了。那時候的簡對於茶一竅不通。她在一個傳統的英國家庭長大，雖然從小就在家裏享用早餐茶、下午茶和晚餐茶，但是並不知道茶從哪裏來，對產茶國家和他們的茶文化一無所知，更從未想像二三十年後的今天，「英式下午茶」會在其他國家流行起來。

在經營茶店的第一年，簡應邀撰寫了第一本下午茶食譜，當中有不少是她的家庭配方。簡的書和茶店的成功使她開始被倫敦一些酒店關注，並邀請她以顧問身份指導酒店的下午茶，務求在傳統中創新，為傳統英式下午茶注入新的生機。

在經營「茶時光」六年後，1989 年，她決定離開茶店的工作，專注茶歷史研究、寫作和推廣茶文化。於是，她的一系列新書接踵而

來。她還擔任《國際茶葉》（*Tea International*）的編輯，以及為紐約發行的咖啡和茶雜誌 *STIR* 撰寫專欄。

簡對茶的熱情、豐富的茶知識和教學經驗，使她在茶界迅速崛起，一舉成名。如今，簡不但在英國和海外各種與茶相關的期刊雜誌、電子雜誌撰寫文章，經常在各種茶業會議中分享報告，還是北美茶葉錦標賽評委，和美國拉斯維加斯一年一度的「世界茶葉博覽會」常駐發言嘉賓。

## 英國茶學院，打開一扇世界之窗

簡現在是英國茶學院的課程總監。英國茶學院是英國唯一一間頒發茶專業證書的學院。

簡近年熱衷於茶教育方面的工作，她說，在英國這樣的茶葉消費龐大的國家，真正懂得欣賞茶的人真的不多，大多數人還只是滿足於傳統的早餐茶包。

「今天早上還有媒體打電話來詢問我對昨天發佈的一款罐裝『噴霧』茶的看法。」簡微微皺起眉頭，表情也嚴肅起來。「還有比這還不適宜、還極端的對待茶的方式嗎？真是不敢想像！」對於這些走偏門的茶製造商，簡不敢苟同。她認為，作為茶界的專業人士，我們應該致力提高人眾對茶的認識，讓他們具備真正的茶知識，同時給消費者提供一系列茶產品，從而使他們可以理性選擇。

在簡看來，茶把整個世界的人們聯繫起來，幫助我們了解不同的宗

簡在中國體驗採茶

教、不同的社會生活、不同的禮儀，以及不同的茶葉沖泡習俗。作為一個現代茶人，她希望能賦予茶時尚與年輕的元素，使得更多人能有機會、有興趣更加深入地了解茶。

英國茶學院的目標之一就是努力教育服務業人士，讓他們認識真正的茶。因為太多茶吧、茶室、酒店和飯店，所提供的僅僅就是質量低劣的茶包。

簡的英國茶學院提供多元化課程，比如初、中、高級茶師課程，茶葉企業課程等等。其中高級茶師課程包括中國茶、日本茶、台灣茶、印度茶、斯里蘭卡茶、尼泊爾茶和越南茶等專業選修課程，務求做

到認證國際化,為英國的茶人和茶企打開一扇世界之窗。

## 茶,無怨無悔的選擇

「感謝茶找到了我。」她說:「茶不但教會我們地理、科學、歷史和語言,還教會了我以平靜的心態對待生活,尊重禪的哲學,要活在當下。」

倫敦的秋天,天氣多變。剛才還是瀝瀝小雨,轉眼已是陽光普照。在簡那裝飾時尚典雅的公寓裏,空氣中飄著烏龍的迷人香氣。她微微坐直身體,柔軟的白絲上衣勾勒出她苗條的身段。想起我的一位朋友說的:「簡好像從來不會變老。」

「茶帶給我太多美好的記憶。」簡笑起來,這招牌式高雅微笑背後,明明透露著陽光少女般的歡快與明朗。

在台灣的高山茶園與和尚們一起喝禪茶;在雲南西雙版納邊境的茶山上製作古樹普洱茶;和著名的帝瑪紅茶(Dilmah Tea)的創辦人Merrill Fernando 共同在斯里蘭卡訪茶;坐在馬來西亞金馬倫高原的茶園裏享受戶外下午茶。2003 年,乘颶風伊莎貝爾之後的第一班飛機前往美國維珍尼亞海灘參加茶活動,卻發現志願者們不得不重新烘焙茶會所需茶點。因為颶風造成斷電,冰箱內的食材解凍,所有準備付之東流。幾年之後不得不緊急撤離邁阿密也是因為颶風來襲。2011 年,日本北部大地震,在京都的火車上被七百里以外的強震撼得東倒西歪……

在雲南南部體驗毛茶製作

太多太多，她笑著望著手中的茶杯，那些當時的膽戰心驚、緊張勞累，如今全都化成美妙的記憶。

「辭去教書工作，開茶店，是我的人生重大轉折點。」簡認真地說：「當時學校的同事都認為我瘋了。」

「但我至今無怨無悔。」她端起茶杯向我示意了一下，說：「那是一個勇敢的決定。」

是的，人生有太多的選擇、太多的決定，為能從容地做出勇敢的決定而乾杯。我們相視一笑，啜一口這來自遙遠國度的烏龍，感謝茶讓天涯海角的我們能有這樣美好的相聚。

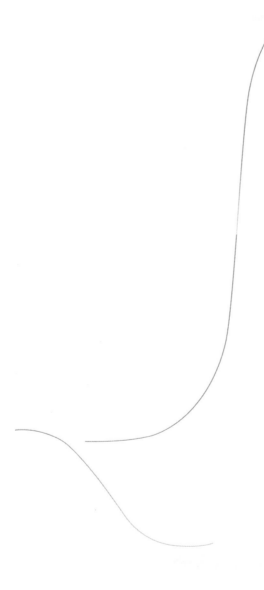

第 三 章
Chapter 3

英國特色
下午茶店

# 麗思倫敦

## The Ritz London

當我夢想進入另一個世界的天堂時，
我就如同身處巴黎的麗思酒店。

——海明威｜美國作家

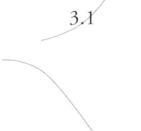

3.1

When I dream of an afterlife in
heaven, the action always takes
place at the Ritz, Paris.

–Ernest Hemingway ｜ American writer

地址 | 150 Piccadilly, London W1J 9BR
電話 | ＋ 44（0）20 73002345
網址 | www.theritzlondon.com
亮點 | 大不列顛老派奢華貴族

麗思下午茶和「蒂芬妮的早餐」齊名，是不列顛老派奢華貴族的代名詞，現在還是倫敦最經典與美味的保留節目。柔和的燈光，精緻的蛋糕，恬靜的氣氛，自信從容又怡然自得的茶客們坐在路易十六時代的紅木椅子上、大理石餐桌邊，輕啜一口大吉嶺或伯爵茶，品嚐經典的英倫下午茶，也追憶那曾經的輝煌歲月。

麗思下午茶設在棕櫚廳（Palm Court），與一樓正廳分開。這裏沒有時鐘，雖然你從遠處若隱若現的旋轉門縫可以偶爾窺視皮卡迪利（Piccadilly）繁忙街道上一閃而過的的士和公共巴士，但還是很有脫離現實的度假感。恐怕就是這種奇怪的抽離感，讓人分外愉悅。籠罩在明暗有致、歐洲最具特色的吊燈簾幕下，這裏的人們看起來比平日美許多。

凱撒・麗思（César Ritz）總是說：「在麗思酒店最具技巧的燈光下，人們能夠毫無保留地放鬆。」他的遺孀在他的傳記中寫到：「麗思花幾週的時間沉浸在研究燈光問題中。有一次，他讓我坐在那裏好幾個小時，而他則和電工實驗每一種燈光和陰影打在我身上的效果。最後發現一種淺淡柔和的粉杏色最美。」

曾經活躍在巴黎和倫敦上層社會的著名社交名媛戴安娜・庫波（Diana Cooper）女士記得麗思是第一

個允許年輕女人獨自飲茶的地方。浪漫派小說家芭芭拉・卡特蘭（Barbara Cartland）曾經描寫一戰後的麗思下午茶，她說道：「這裏是和男士交往的絕佳地方，你可以和心儀的男人吃午餐，又和另一些喝喝下午茶。」戰後的男男女女在鋼琴和豎琴的浪漫氣氛中，品嚐著經典的英式下午茶，暫且忘卻戰亂與喧囂，找到了生活中的和平和寧靜。

踏入 21 世紀，麗思的下午茶越來越受歡迎，客人們在棕櫚廳門口的地毯上排起了長隊。現在來賓必須提前最少四週預訂位子，方能有機會流連於這個老派貴族名媛聚集的地方，品味那曾經的輝煌。

麗思下午茶是除了教堂和皇家公園派對外幾個為數不多的隆重場合之一，女士們大可戴上華麗的帽子盛裝出席。如果閣下身穿短褲拖鞋，定會被婉拒入內。麗思的資深服務員說：「麗思下午茶不僅僅是蛋糕和三文治，而是一個純粹的精神愉悅的曼妙時刻。感謝上帝，現代社會還有這樣一個地方。」

麗思下午茶以精美絕倫的茶器和三文治的到來拉開了序幕。在樓下的廚房裏，廚師們花費好幾個小時準備下午茶的三文治。超長的麵包被切成薄片，每片都塗上柔軟的牛油，然後夾上各種餡料，最後用十四吋鋸

這裏是和男士交往的絕佳地方，你可以和心儀的男人吃午餐，又和另一些喝喝下午茶。

麗思下午茶

齒長刀削去麵包皮，切成一英寸寬的手指三文治。

經典全麥三文治包括：薄切青瓜三文治、忌廉芝士、煙三文魚。另外還有：薄切煙燻火腿、雞蛋沙律、芥末水芹碎車打芝士，選用白麵包。

接下來是英式鬆餅（scone，又稱「司康」）。麗思的鬆餅都是快接近中午時才烤好，在你吃完三文治時，趁熱上桌。配上凝脂奶油（clotted cream）和草莓醬，是舌尖上的英國。

然後是具有法式風格的蛋糕和酥皮餡餅，輕盈、美麗、奶香濃郁，是極致的味覺盛宴。酥鬆的點心皮內裏濃郁的朱古力或甜潤的水果薄片。麗思的點心主廚和他的團隊每天都用心炮製最新鮮、最美味的糕點，為來喝茶的客人們營造獨特的甜蜜時刻。

海明威曾經說過：「當我夢想進入另一個世界的天堂時，我就如同身處巴黎的麗思酒店。」如果閣下想時空逆轉，回到那個「黃金年代」，倫敦麗思下午茶定能助你夢想成真。

# 福南梅森鑽禧品茶沙龍

## Fortnum & Mason, The Diamond Jubilee Tea Salon

我別無他求，只要一杯茶。

—珍·奧斯汀｜英國作家

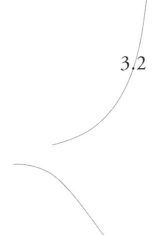

3.2

I would rather have nothing but tea.

–Jane Austen ｜ English writer

地址｜181 Piccadilly, London W1A 1ER
電話｜＋ 44（0）20 77348040
網址｜www.fortnumandmason.com
亮點｜英女王的下午茶坊，提供最強茶單。

到了福南梅森，一定不能錯過品嚐皇室級別的下午茶。下午茶餐廳位於五樓的鑽禧品茶沙龍。沙龍於2012年在英女王伊莉莎白二世主持下開幕後，一直一位難求，被稱為「女王的下午茶」。這裏細緻有度的英式服務及現場的鋼琴演奏，令人得以一窺傳統正宗英式下午茶的文化。

難能可貴的是，沙龍也提供素食的下午茶甜點。另外，下午茶的茶葉也有許多選擇，一般可分為紅茶類和花茶類。紅茶類常見的有印度大吉嶺、阿薩姆，中國祁門紅茶，特別的是還有台灣凍頂烏龍茶；而花茶類有伯爵茶、水果茶、玫瑰茶、茉莉花茶等等。

安坐在寬敞明亮的大廳，聽著悅耳悠揚的鋼琴聲，銀色三層蛋糕架下，福南梅森薄荷綠的優雅茶壺吐出芬芳艷紅的「皇家茶」。注入牛奶，看亮紅的茶湯中慢慢散開的乳白，再輕輕夾起一塊方糖投入，銀色茶匙前後攪拌，一杯香濃可口地道的英式奶茶就沖好了。

輕型三文治有四五種口味，沙律醬龍蝦會貼近你的中國胃；英式鬆餅也是一絕，厚厚地塗上凝脂奶油和草莓醬，讓你欲罷不能；肚子飽眼不飽的你繼續進攻水果撻、朱古力蛋糕、檸檬批等等。這時，侍者貼心地詢問：「是否要添加茶和茶點？」蛋糕、英式鬆餅、

福南梅森鑽禧品茶沙龍下午茶

三文治任君選擇。請不要嘲笑，這是我最無奈的時刻，只恨自己為什麼這麼沒有戰鬥力。

因此，如果在福南梅森吃下午茶，建議不要吃午餐，否則你可要後悔「食力」不夠強。這個價格接近五十英鎊的下午茶，卻真是物有所值，實至名歸。完美優雅的環境、精緻典雅的茶具，以及無限量添加的茶和茶點，都保證這將是你畢生難忘的下午茶體驗。

福南梅森鑽禧品茶沙龍下午茶

# 凱萊奇酒店

## Claridge's

每一杯茶都代表著夢幻之旅。

—凱瑟琳·杜澤爾

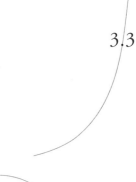

3.3

Each cup of tea represents an
imaginary voyage.

–Catherine Douzel

地址 | Brook Street, Mayfair, London W1K 4HR
電話 | ＋ 44（0）20 74096307
網址 | www.claridges.co.uk
亮點 | 不限時，服務最貼心的茶室。

凱萊奇酒店的下午茶可能沒有麗思和福南梅森的名氣大，但是吃過的都說凱萊奇酒店的下午茶體驗最難忘，無論是餐點還是服務都可圈可點，其超高的服務品質令人讚許，可謂倫敦最貼心的下午茶。

倫敦知名老牌五星級酒店凱萊奇酒店距離龐德街（Bond Street）地鐵站出口僅三分鐘路程，地理位置絕佳。步入酒店大堂，眼光不由自主地被不遠處散發著柔和淡金色光芒的大廳吸引。這就是下午茶用餐所在地：The Foyer and Reading Room。這個區域寬敞闊落，包含主大廳與兩間「書房」的用餐空間。慢慢走近，耳邊隱隱傳來悠揚的鋼琴和小提琴演奏聲。人未進入，已經被優雅恬靜的氣氛感染。大廳裝飾以銀色配淡米色為主，時尚中透露著典雅，華麗又不失親切。身穿筆挺白色西裝、打黑領結的侍者微笑著引領你入座後，主動把外套拿去衣帽間，並奉上一個精巧的小信封，內裝寄存號碼。如果你是一個人用餐，他還會貼心地詢問是否需要雜誌消遣。

二號書房的用餐空間可以容納二十人左右，雪白的桌布上，凱萊奇酒店招牌湖水綠餐具搭配銀色器皿，一朵盛開的白玫瑰端坐在潔白的矮瓷瓶內，整體感覺清新浪漫。

凱萊奇酒店的下午茶

茶在凱萊奇酒店的下午茶中始終佔據中心地位。下午茶的茶品非常豐富，從精心挑選全世界最優質的手工茶到沖泡一杯恰到好處的茶湯，這裏的茶湯體驗是最專業的。你可能覺得英國人的泡茶手法趕不上我們中國的小壺沖泡法，認為沒有公道杯的參與，茶湯會在壺中過度浸泡，喪失風味。但是在凱萊奇酒店，你完

全不必憂慮。侍者奉上茶壺時，會確保茶水溫度達到最佳。每壺茶通常就是一杯的分量，如果有剩餘，會被倒盡。所以每一泡茶的滋味都得以完美呈現。侍者還會適時提議更換茶品，只讓你品味最好的那幾泡，而且一定要你喝得滿足。茶喝到一定程度，還會問你是否要品嚐咖啡，這實在是太窩心了，茶和咖啡輪流上陣，沒有不醉的理由。

未幾，柔軟鮮香的三文治來了。五種三文治款款地排坐在長條形盤中，從左到右分別是：火腿、小青瓜、雞肉、雞蛋和煙三文魚，還搭配了三文魚泡芙。凱萊奇酒店的三文治很出彩，把經典款的經典口味表現得淋漓盡致，讓人禁不住一掃而光。心中暗自慚愧，為沒能多留一些「quota」給甜點而後悔不已。這時，侍者輕聲詢問：哪款三文治你最喜歡，可以追加。輕嘆一聲，只能婉拒。

接著上來的是永遠的主角——英式鬆餅。英式鬆餅當然是溫熱可口，奶香濃郁。這裏要介紹的是馬可孛羅茶果醬（Marco Polo tea jam）。果醬混合了馬可孛羅茶（法國瑪黑兄弟 Mariage Frères 茶葉），香氣濃郁，甜度正好。剛出爐的英式鬆餅配上茶果醬，再慷慨地塗上厚厚一層涼涼的英國西南康和郡出產的凝脂奶油（Cornish clotted cream），冷熱交融、鬆軟

凱萊奇酒店下午茶之英式鬆餅配凝脂奶油和草莓醬

凱萊奇酒店下午茶之甜品

幼滑、酸甜加上奶香，多變的口感和豐富的層次，一
次滿足味蕾的所有需求。

甜點是壓軸的重頭戲。凱萊奇酒店的甜點菜單每一季
都會更換，組合通常包括磅蛋糕、撻、朱古力、泡芙
和馬卡龍。這一次的朱古力泡芙、開心果馬卡龍和水
果蛋糕都很美味。顏色艷麗的甜品配湖水綠條形圖
案的長點心盤，嬌艷得讓人不忍下手。甜品也可以追
加，吃不完可以打包帶走。這裏的下午茶讓你盡可能
慢慢地享受，幾個朋友喝茶聊天，或者獨自一人捧一
本小說，絕對不會被打擾催促。

這裏的下午茶讓你盡可能慢慢地享受，幾個朋友喝茶聊天，或者獨自一人捧一本小說，絕對不會被打擾催促。

用餐完畢，貼心的侍應用可愛的盒子打包甜點，還送上小禮物，可能是一小包糖，或者是一小盒今天你喝過的茶葉。

如果在倫敦，只有一次嘗試下午茶的時間，那麼就去凱萊奇酒店，保證你滿意而歸。提醒你服裝要正式些，運動服、運動鞋、涼鞋和有洞的牛仔褲是不合適的哦。如果你盛裝打扮，會發現很符合那裏的氣氛呢。另外，請務必提前最少一個月訂位。

# 戈林酒店

## The Goring

一杯茶裏有太多的詩歌和細膩的情感。

——拉爾夫·沃爾多·愛默生 ｜ 美國思想家

$$\int$$

3.4

There is a great deal of poetry and
fine sentiment in a chest of tea.

–Ralph Waldo Emerson ｜ American philosopher

地址 | 15 Beeston Place, London SW1W 0JW

電話 | ＋ 44（0）20 73969000

網址 | www.thegoring.com

亮點 | 2013 年「最佳倫敦下午茶」首獎、
凱特王妃的最愛

愛德華時代（Edwardian era，1901-1910 年）的巴羅克建築風格，紅白相間的牆面，純白的門廊和纏繞兩側的常綠青藤，濃郁的色彩對比彰顯出莊嚴隆重又剛勁有力的簡約氣氛，是低調的奢華。百年的戈林顯示著英倫紳士的氣派，無須太多富麗堂皇的裝飾，貴族之氣昭然若是。倘若恰巧趕上門口停駐了一輛馬車，穿著講究、戴著硬禮帽的車伕筆挺地坐於馬車之上，彷彿時間流轉，讓人回到 19 世紀的英國貴族城堡。

作為倫敦最古老的私人豪華酒店，戈林極好地詮釋了英國傳統，因此吸引著眾多皇室成員青睞。2011 年威廉王子與凱特王妃大婚時，戈林酒店就被指定為凱特王妃婚禮前晚入住的場所和婚宴的指定場地。酒店還曾承辦查理斯王子六十歲誕辰的慶祝活動，甚至查理斯王子嬰兒時期的洗禮蛋糕也是戈林出品。這裏還是伊莉莎白皇太后（Queen Elizabeth, The Queen Mother）生前最喜歡的酒店。2013 年，戈林榮獲英國茶葉協會（UK Tea Guild）頒發的「最佳倫敦下午茶」首獎（2013 Top London Afternoon Tea Award）。

如果是夏日的午後，露天的庭園雅座是不錯的選擇。喝一杯茶，靜賞午後的柔光透過樹葉深深淺淺地撒在

作為倫敦最古老的私人豪華酒店，戈林極好地詮釋了英國傳統，在威廉王子與凱特王妃大婚時就被指定為婚宴場地。

戈林酒店 Lounge Bar

戈林酒店露天花園雅座

草坪上。花圃中的花朵自顧自地盛開，微風拂過，在樹葉沙沙晃動中細品精雕細琢的生活。

另一邊，室內華麗的 Lounge Bar 復古氣息濃厚。豪華壁爐、厚軟的地毯、大型油畫、舒服的沙發和傳統矮腳茶枬，若明若暗的燈光營造出舊時代貴族家庭茶會氣氛。

這樣愜意的「戈林下午」，何不從一杯 Bollinger 玫瑰香檳開始呢？負責倒香檳的服務生動作優雅，模樣俊朗，酒杯內綿密細小的氣泡一絲絲從杯底升起，還沒入口，卻也醉了。

下午茶從開胃菜開始，也是戈林的與眾不同之處。這款乳酪芝士慕斯配早餐脆米，滋味清淡富有口感，正式開啟下午茶。三層點心架上來，中層的英式鬆餅被貼心地用餐巾包好，便於保溫。喝茶、發呆、放空。這樣的午後不需要太多的話語和表情，也不需要去模仿貴族的舉止，因為你就是優雅閒適的畫中人。

# 皇家凱馥酒店
# 奧斯卡·王爾德酒吧

## Hotel Café Royal
## Oscar Wilde Bar

一生的浪漫，從自戀開始。

——奧斯卡·王爾德｜愛爾蘭詩人、劇作家

To love oneself is the beginning of a lifelong romance.

–Oscar Wilde｜Irish poet and play writer

 地址｜68 Regent Street, London W1B 4DY

電話｜＋ 44（0）20 74063333

網址｜www.hotelcaferoyal.com

亮點｜2017 年度英國「最佳下午茶」贏家
（2017 Afternoon Tea Awards）；以王
爾德命名，文藝青年朝聖之地。

屬於皇家凱馥酒店的奧斯卡·王爾德酒吧創立於
1865 年，曾經是叫做 Grill Room 的扒房，也是酒店
最珍貴的部分，至今入口的玻璃門上還保留著一百多
年前的 Grill Room 字樣。這棟建築被列為英國國家
二級保護建築，路易十六年代的奢華設計，至今仍然
熠熠生輝。室內四壁皆為大玻璃鏡，空間感強烈，牆
上被兩個女神環繞的柱子更是用真金箔鑲嵌裝點，豪
華氣派。

據說，王爾德常常在這裏用餐，還在此邂逅了畢生
摯愛——美少年阿爾弗萊德·道格拉斯（Alfred
Douglas，昵稱：波西 Bosie）。奧斯卡·王爾德
（Oscar Wilde）是英國最偉大的作家和藝術家之一，
是唯美主義的代表人物。他的一生極其富有戲劇性，
從人上人到階下囚，從寵幸加身到恥辱無盡，從名譽
的巔峰到災難的深淵。為了波西，王爾德拋妻棄子，
鋃鐺入獄，嘗盡失戀的痛苦，鬱鬱而死。

故事的結局雖然令人唏噓，但是王爾德最美好的
回憶都留在了皇家凱馥酒店，這裏見證了他至死
不渝的愛情。除了王爾德，亞瑟·柯南·道爾
（Arthur Ignatius Conan Doyle）、蕭伯納（George
Bernard Shaw）·邱吉爾（Winston Leonard Spencer-
Churchill）等許多大文豪、藝術家和傑出人物都是皇

許多大文豪、藝術家和傑出人物都是皇家凱馥酒店的座上客。到了二十世紀中期，

奧斯卡·王爾德酒吧更是世界名人頻繁光顧的酒吧。

入口的玻璃門上還保留著一百多年前的 Grill Room 字樣

家凱馥酒店的座上客。到了 20 世紀中期，奧斯卡·王爾德酒吧更是世界名人頻繁光顧的酒吧。從伊莉莎伯·泰萊（Elizabeth Rosemond Taylor）、爵士樂靈魂人物路易斯·岩士唐（Louis Armstrong），到拳王阿里，到大衛·寶兒（David Bowie）的「最後的晚餐」告別派對，這間傳奇色彩濃重的酒吧持續散發著迷人的魅力。

奧斯卡·王爾德酒吧的下午茶

這裏的下午茶茶點分三次奉上，點心種類繁多，款款精緻迷人。需留意的是，茶點吃完就撤下，並不能追加。如果你迷失在長長的茶單裏，何不就點其招牌奧斯卡。這款茶採用精選正山小種，煙燻味混合了秋天的果實香氣，代表著王爾德複雜、成熟和多變的個性。

去這樣一間有故事、有歷史的餐廳吃一次下午茶，坐在金碧輝煌的酒吧裏，舉杯和「我不想謀生，只想生活」的王爾德隔空對話，必定是你倫敦之行最難忘的一篇。

# 貝蒂茶室

## Bettys Café Tea Rooms

一杯茶是和偉人進行思想碰撞的契機。

——克莉絲汀・利｜澳洲設計師

A cup of tea is an excuse to share
great thoughts with great minds.

–Cristina Re ｜ Australian designer

 地址 ｜（約克郡店）6-8 St. Helen's Square, York YO1 8QP

電話 ｜＋ 44（0）800 456 1919

網址 ｜ www.bettys.co.uk

亮點 ｜ 中國中央電視台《茶，一片樹葉的故事》曾介紹貝蒂茶室

英國下午茶可謂享譽全世界，而貝蒂茶室的名氣在英國家喻戶曉。位於英格蘭北部約克郡（Yorkshire）的貝蒂茶室是當地人氣第一美食名店，更堪稱英格蘭北部最好的茶室，也是中央電視台《茶，一片樹葉的故事》中的那間貝蒂茶室。

這間富有傳奇色彩的茶室創辦將近一百年。茶室於1919 年由一名年輕的瑞士點心烘焙師福瑞德里克（Frederick Belmont）在約克郡的 Harrogate 創辦。後來，發展成約克郡內六間各具特色的茶室餐廳。

究竟誰是貝蒂（Betty），茶室的名字從哪裏來？答案至今還是一個謎。有人猜測福瑞德里克被一部名叫 Betty 的歌劇裏面的女主角吸引，而這個美麗的演員名字叫貝蒂·費爾法斯（Betty Fairfax）。關於名字的猜測從來就沒有停止過，但答案只有一百年前的年輕烘焙師知道吧。

如果你想去約克市中心繁華商業區的貝蒂茶室朝聖，必須早點去排隊，因為茶室外全天都排了長隊。

貝蒂茶室擁有大型弧形玻璃窗，金色大字招牌寫道：Bettys Café Tea Rooms。玻璃門兩邊懸掛著開滿白色小花的大花籃，華麗又不失典雅。門邊的金色框鑲著

位於約克的貝蒂茶室

餐牌和貝蒂夫人（Lady Betty）下午茶的介紹，整個茶室外觀高貴雅致，不愧為經典下午茶的代表茶室。

大門進去，左手邊是茶店，售賣各種貝蒂茶室出品的茶和精緻西點。右邊的茶室分樓下和樓上兩層。位於地面的大廳，內部裝飾是典型的歐洲風格，空間感強，點綴著鋼琴和陳列糕點的點心枱，巨型玻璃窗把約克郡歷史感超強的街景引入室內。坐在窗邊的位子，看著窗外的古建築和來往的人們，手捧精緻茶杯，你就會覺得既觀賞到古典建築，又感受到時尚高雅的氛圍，平生第一次魚和熊掌兼得，快哉悠哉！

身穿白色制服、圍白色圍裙、金色頭髮的苗條侍者，捧著銀器茶具奉上阿薩姆下午茶，銀色三層蛋糕架也擺上來了。大理石桌面上白銀閃亮，襯著綠白的雛菊，簇擁著色彩艷麗、引人垂涎欲滴的下午茶點，無論如何這都將是一個完美的下午。

英式下午茶的點心從最下層的三文治，到中層的英式鬆餅，到最上層的朱古力蛋糕、水果撻和馬卡龍，口味從鹹過渡到甜，從清淡到濃郁。開動吧，就從最下層開始。

青瓜三文治是傳統英式下午茶必不可少的經典角色。

英式鬆餅似乎和下午茶是永久不可分割的伴侶，貝蒂茶室的經典果仁鬆餅配自家特製的凝脂奶油和草莓醬，味道是無法忘懷的鬆軟和幸福。

貝蒂茶室的下午茶

薄薄的麵包片夾著薄薄的青瓜片，口感清新爽快，開啟味蕾，打開食慾。英式鬆餅似乎和下午茶是永久不可分割的伴侶，貝蒂茶室的經典果仁鬆餅配自家特製的凝脂奶油和草莓醬，味道是無法忘懷的鬆軟和幸福。水果撻上的覆盆子絨毛清晰可見，新鮮程度超高；朱古力千層蛋糕上裝飾著 Bettys 的金字小招牌，精緻可口。

貝蒂茶室的下午茶

茶是貝蒂茶室自己調配的散茶，經過濾網，雪白茶杯裏的茶橙紅透亮，清飲甘甜可口。加入牛奶和糖，馬上就豐厚濃郁起來，就像一個青春少女，搖身一變成風韻少婦。

貝蒂茶室還開辦貝蒂廚師學校，設各種烹飪課程，從主菜到甜點，從初級到高級，從幾個小時的課程到為期兩週的深入課程，務求將你的廚師潛能發掘出來，在開心融洽的環境中輕鬆地學習烹飪。

如果你來英國，如果你遊北英格蘭，如果你逛約克郡，就約我在那個叫貝蒂茶室的地方見面吧。

# 全景餐廳 34

## Panoramic 34

3.7

如果我和朋友都感到頹廢，
我們就去喝下午茶。

——蘇菲・麥席拉｜英國演員

If me and my friends are feeling
decadent, we go for afternoon tea.

–Sophie Mcshera ｜ English actress

地址 | 34th Floor, West Tower, Brook Street,
　　　 Liverpool L3 9PJ

電話 | ＋44（0）151 2365534

網址 | www.panoramic34.com

亮點 | 英國最高餐廳之一，擁有無敵景觀。

位於利物浦市中心 West Tower 三十四樓的
Panoramic 34，海拔三百多米，是全英國最高的餐廳
之一。全幅大型玻璃窗，三百六十度俯瞰海港及維多
利亞建築群，「一覽眾山小」的氣勢威不可擋。

這裏的下午茶非常有名氣。下午茶，與其說是吃吃喝
喝，倒不如說是休閒享受的一種體驗。Panoramic 34
的高尚獨特環境，是成就完美下午茶的一大先決條
件。從開始計劃到真正成行，用了三週的時間，因為
完全訂不到位子。通常須至少提前一個月預訂。這次
能夠訂到一張二人枱全憑運氣。

為了能夠佔據窗口位子，我們提前十分鐘到達，待
餐廳一開門就進入，保證能夠享受到窗邊美景。
Panoramic 34 分酒吧和餐廳兩個部分，餐廳的景觀
較酒吧好，位子也較舒服，當然下午茶的價格也比
酒吧高。

一步入位於入口處的酒吧，你就會「哇」出來，全因
為這超大落地窗外的景色實實在在是太壯麗了。左
邊望出去，座落在臨海碼頭的皇家利物大廈（Royal
Liver Building）赫然映入眼簾，頂部兩隻活靈活現
的利物鳥俯瞰著城市和人海。傳說，如果牠們飛走，
城市就不復存在了。繼而遠眺與皇家利物大廈並列

Panoramic 34 酒吧

Panoramic 34 餐廳

的丘納德大廈（Cunard Building）和利物浦港務大廈（Port of Liverpool Building），三者組成的「臨海三女神」，勾勒出英國最負盛名的天際線。轉一下角度，就看見位於市中心聖詹姆斯山（St. James Mount）上的世界第五大主教座堂——利物浦大教堂（Cathedral Church of Christ in Liverpool），欣賞著這座「世界最偉大的教堂」之一的哥德式宏偉建

築，彷彿聽見那世界最大、最高的鐘樓傳出的「噹噹」鐘聲。再轉一下，羅馬天主教的利物浦基督君王都主教座堂（Liverpool Metropolitan Cathedral）給你帶來現代教堂的新氣息，這是最早打破傳統縱向設計的教堂之一。再轉身，遠處的摩天輪和電信塔盡收眼底……

慢慢步入餐廳，彷彿乘搭 UFO 翱翔在藍天與大海之間。沿著窗邊的桌子走進去，雪白的桌布、飄逸的白窗紗、晶瑩剔透的高腳杯、柔和的橙色燈光，這一切一切包裹在湛藍的天與海之間。港口、白雲、船隻靜靜地呈現在你面前，無聲地游動、飄移。你此時此刻開始懷疑，暗自招一下手指，嗯，這不是夢境。

不一會兒，茶和點心架都上來了，雅致的白桌布上一下子熱鬧起來。茶壺、茶杯、奶罐、糖罐、奶油、果醬、碟子們簇擁著色彩艷麗、令人垂涎欲滴的茶點。下層三文治就很豐富，有四種：吞拿魚、三文魚、雞蛋和火腿。中層是考驗你自制力、激發食慾的朱古力千層蛋糕、草莓覆盆子水果撻、夢幻紫色蔓越莓馬卡龍。上層是下午茶中永遠的溫熱誘人、香噴噴的英式鬆餅。

於是，你安坐在這天與海之間，啜一口香濃奶茶，

慢慢步入餐廳，彷彿乘搭 UFO 翱翔在藍天與大海之間。沿著窗邊的桌子走進去，雪白的桌布、飄逸的白窗紗、晶瑩剔透的高腳杯、柔和的橙色燈光，這一切一切包裹在湛藍的天與海之間。

Panoramic 34 的下午茶

吃一口美味點心。別管什麼煩心事，別理什麼煩惱
人，你只在心中哼唱那首披頭四（The Beatles）的
*Let It Be*：

*Let it be, let it be*
讓它去吧，讓它去吧！

*Let it be, let it be*
讓它去吧，讓它去吧！

*Yeah, there will be an answer*
是的，會有一個答案

*Let it be*
讓它去吧！


*And when the night is cloudy*
當夜晚烏雲密佈

*There is still a light that shines on me*
有道光芒依然照耀著我

*Shine until tomorrow*
直到明日

*let it be*
讓它去吧！

# 里士滿茶室

## Richmond Tea Rooms

「我該往哪兒走？」愛麗絲問坐在樹上的柴郡貓。

「這要看你想去哪裏。」柴郡貓說。

「我其實不知道要去哪裏。」愛麗絲說。

「那也就無所謂往哪個方向走。」貓回答。

——路易斯・卡羅｜《愛麗絲夢遊仙境》

Alice asked the Cheshire Cat, who was sitting
in a tree, "What road do I take?"
The cat asked, "Where do you want to go?"
"I don't know," Alice answered.
"Then," said the cat, "it really doesn't matter,
does it?"

–Lewis Carroll｜*Alice's Adventures in Wonderland*

地址　｜　15 Richmond Street, The Village, Manchester M1 3HZ

電話　｜　＋ 44（0）161 2379667

網址　｜　www.richmondtearooms.com

亮點　｜　《愛麗絲夢遊仙境》主題茶室

英國的下午茶是浪漫、優雅的代名詞。每每想起噴香
的英式鬆餅、令人吮指的迷你三文治、充滿田園氣息
的新鮮水果撻,再喝一口香濃的奶茶,你是否會想讓
時間停滯,永遠停留在那美好的一刻呢?

還記不記得《愛麗絲夢遊仙境》(*Alice's Adventures
in Wonderland*)中的瘋狂茶會?帽匠得罪了時間先
生,時間不工作,使得他們永遠停留在下午六點的下
午茶時間。這個下午茶永遠不結束,這是不是正合你
的心意?

座落在曼徹斯特(Manchester)市中心的里士滿茶
室,就是一家以愛麗絲為主題的茶室。在英國,茶室
可以是高貴奢華,如麗思倫敦;或以悠久歷史聞名,
似貝蒂茶室;還有以獨特的主題突破重圍。里士滿茶
室就是依靠其鮮明別致的主題、獨特風格的裝飾、童
話浪漫主義的氛圍而遠近馳名。

曼城總是給人平淡無奇的感覺。在市中心有一條普普
通通的里士滿街,在這條街上,有一間外表普通得
很的樓上茶室,叫里士滿茶室。一切都平常得不能
再平常。

然而當你步上樓梯時,就會發現這間茶室的與眾不

里士滿茶室內

同。茶室以大紅、粉紅和森林綠為主要顏色，給人強烈的視覺衝擊。不人的茶室，還有一間玻璃屋，供七八個人開派對使用。最裏面靠牆的是大紅帳幕，

柔軟的沙發座椅，適合情侶卿卿我我。窗邊不但掛了油燈，還種植各式茂盛的植物，給這個小小的茶室平添了許多童話色彩。

茶吧頂部有招牌寫道：Eat Me（吃我），Drink Me（喝我）。因為愛麗絲在漫遊白兔先生的世界時，就是靠吃吃喝喝來變大變小的。今天，吃了這裏的蛋糕，喝了這裏的茶，會不會也變小，神遊一次？

侍者奉上茶牌，各種各樣的茶品很豐富，紅茶就包括中國的正山小種、祁門和滇紅，另外亦有阿薩姆、大吉嶺，還有幾種混合茶。我選了一種叫做「里士滿大篷車」的混合茶。看混合的茶品，很有意思：「混合了大吉嶺、烏龍、中國紅茶——用駱駝大篷車從中國邊境運到莫斯科。」

看著這個描述，我不禁納悶，這用駱駝運去俄羅斯的到底是什麼茶？我招來侍應小伙子，問他。他笑說不知道，但他相信在中國，現在還有用駱駝來運茶的。我亦哈哈大笑，不知說什麼好。之後詢問一位資深茶人到底這會是什麼茶。他說有可能是一種出口俄羅斯的米磚茶。米磚是用紅茶的片、末為原料蒸壓的一種茶磚，19 世紀 80 年代是出口的鼎盛期。估計，就是那時候用駱駝運輸吧。

這真真假假的茶史還沒考究清楚，茶就上來了。茶器是舊的麥森（Meissen）青花柳樹圖案的茶壺和杯子。橙紅色的茶湯穿過茶漏，留在茶漏上的真是一粒粒茶末，並不是葉子。看來米磚茶有跡可循。茶湯入口，出乎意料的好喝，很是甘甜滋潤，完全可以清飲，不需要加奶和糖。

未幾，雙層糕點架上來了，下層是三文治、雞肉蘑菇撻和蔬菜沙律，上層是亮點：英式鬆餅配凝脂奶油和草莓醬。這裏的英式鬆餅個頭很大，一邊隆起，向另一邊微微傾斜。好的英式鬆餅可以用手輕易掰成兩半，是掰成上下兩半，並不是左右兩半。這樣，熱呼呼的內部就展現在眼前了。這是全麥乾果鬆餅，內部鬆軟噴香，先塗上厚厚一層凝脂奶油，再慷慨地抹上含粒粒果實的草莓醬。咬一口，慢慢咀嚼，鬆餅鬆化軟綿，奶油異常香濃，草莓醬則是冰涼的酸甜，果仁香脆，葡萄乾甜糯，這一切入口即慢慢融化，是複雜的口感，簡單的幸福。

尋常街道上的里士滿茶室，展現給我們另一種茶室概念。茶室，往往是實現主人夢想的地方，這裏寄託了主人的童真、幻想與無限的期望。每一個愛茶人可能都有一個茶室夢。懷揣著我們的夢想，應當何去何從呢？想起《愛麗絲夢遊仙境》裏面那段愛麗絲和柴郡

愛麗絲在漫遊白兔先生的世界時，就是靠吃吃喝喝來變大變小的。今天，吃了這裏的蛋糕，喝了這裏的茶，會不會也變小，神遊一次？

里士滿茶室的下午茶

貓的哲理對話：

「我該往哪兒走？」愛麗絲問坐在樹上的柴郡貓。

「這要看你想去哪裏。」柴郡貓說。

「我其實不知道要去哪裏。」愛麗絲說。

「那也就無所謂往哪個方向走。」貓回答。

「或者很遠的一個什麼地方。」愛麗絲說。

「噢，放心吧，只要走得夠遠，你總會到達。」貓說。

是的，人生路上，我們常常困惑，迷失自己，找不到
要去的方向。但其實，走哪條路不重要，只要我們走
得夠遠，就一定能到達。

所以，無論如何，懷揣著夢想，堅定地走下去，相信
一定能夠到達。

# 附錄 精選英國下午茶店

## 提供優質下午茶的倫敦酒店

### Claridge's (.134)

地址｜Brook Street, Mayfair, London W1K 4HR

電話｜+ 44（0）20 7409 6307

網址｜www.claridges.co.uk

### Fortnum & Mason (.128)

地址｜181 Piccadilly, London W1A 1ER

電話｜+ 44（0）20 7734 8040

網址｜www.fortnumandmason.com

### The Ritz (.122)

地址｜150 Piccadilly, London W1J 9BR

電話｜+ 44（0）20 7493 8181

網址｜www.theritzlondon.com

### The Goring Hotel (.142)

地址｜15 Beeston Place, London SW1W 0JW

電話｜+ 44（0）20 7396 9000

網址｜www.thegoring.com

### Hotel Café Royal (.148)

地址｜68 Regent Street, London W1B 4DY

電話｜+ 44（0）20 7406 3333

網址｜www.hotelcaferoyal.com

### The Dorchester

地址｜53 Park Lane, London W1K 1QA

電話｜+ 44（0）20 7629 8888

網址｜www.dorchestercollection.com/en/
london/the-dorchester

### The Four Seasons Hotel

地址｜Hamilton Place, Park Lane, Mayfair,
London W1J 7DR

電話｜+ 44（0）20 7499 0888

網址｜www.fourseasons.com/london

### The Lanesborough

地址｜Hyde Park Corner, London SW1X 7TA

電話｜+ 44（0）20 7259 5599

網址｜www.oetkercollection.com/destinations/
the-lanesborough/london

## 特色下午茶室

### Abbey Cottage Tearoom

地址｜Abbey Cottage, New Abbey, Dumfries
DG2 8BY

電話｜+ 44（0）1387 850377

網址｜www.abbeycottagetearoom.com

19 世紀鄉村別墅風格茶室

## Bettys Café Tea Rooms

網址 │ www.bettys.co.uk/cafe-tea-rooms

有名氣的茶室，環境舒適幽雅，懷舊風格。

## Bettys York

地址 │ 6-8 St. Helen's Square, York YO1 8QP

電話 │ ＋ 44（0）1904 659142

## Bettys Harrogate

地址 │ 1 Parliament Street, Harrogate HG1 2QU

電話 │ ＋ 44（0）1423 814070

## Bettys Harlow Carr

地址 │ Crag Lane, Beckwithshaw HG3 1QB

電話 │ ＋ 44（0）1423 505604

## Bettys Stonegate

地址 │ 46 Stonegate, York YO1 8AS

電話 │ ＋ 44（0）1904 622865

## Bettys Northallerton

地址 │ High Street, Northallerton DL7 8LF

電話 │ ＋ 44（0）1609 775154

## Bettys Ilkley

地址 │ 32 The Grove, Ilkley LS29 9EE

電話 │ ＋ 44（0）1943 608029

## Bird on The Rock Tearoom

地址 │ Church Road, Craven Arms SY7 0PX

電話 │ ＋ 44（0）1588 660631

迷人的 1930 年代風格茶室

## Elizabeth Botham & Sons

地址 │ 35/39 Skinner Street, Whitby,
     │ Yorkshire YO21 3AH

電話 │ ＋ 44（0）1947 602823

創建於 1865 年，位於烘焙店樓上，家族式
經營管理。

## Panoramic 34

地址 │ 34th Floor, West Tower, Brook Street,
     │ Liverpool L3 9PJ

電話 │ ＋ 44（0）151 2365534

網址 │ www.panoramic34.com

英國最高的餐廳之一，景色壯觀。

## Richmond Tea Rooms

地址 │ 15 Richmond Street, The Village,
     │ Manchester M1 3HZ

電話 │ ＋ 44（0）161 237 9667

網址 │ www.richmondtearooms.com

以《愛麗絲夢遊仙境》為主題的特色茶室

## The Hazelmere Café & Bakery

地址 │ 2 Yewbarrow Terrace, Grange-Over-
     │ Sands, Cumbria LA11 6ED

電話 │ ＋ 44（0）15395 32972

網址 │ thehazelmere.co.uk

特色茶室，提供當地美食，名稱富有創意。

## Peacocks Tearoom

地址 │ 65 Waterside, Ely, Cambridgeshire CB7
     │ 4AU

電話 │ ＋ 44（0）1353 661100

網址 │ www.peacockstearoom.co.uk

提供五十種不同的茶、輕食和自家烘焙蛋糕。

### The Pump Room

地址 | Roman Baths and Pump Room, Stall Street, Bath BA1 1LZ
電話 | ＋ 44（0）1225 444477
網址 | romanbathssearcys.co.uk

有現場樂隊伴奏或鋼琴伴奏，氣氛極佳。

### Waddesdon Manor

地址 | Aylesbury, Buckinghamshire HP18 0JH
電話 | ＋ 44（0）1296 653242
網址 | waddesdon.org.uk

茶室設在國民信託莊園內的老廚房和傭人大廳

### The Victoria & Albert Museum

地址 | Cromwell Road, Knightsbridge, London SW7 2RL
電話 | ＋ 44（0）20 7942 2000
網址 | www.vam.ac.uk

收藏亞洲和英國的茶具，包括茶碗、茶杯、茶壺和銀器。

## 其他有關茶的有趣地方

### Spicer Tea Company HQ

地址 | 5 Cobham Road, Wimborne, Dorset BH21 7PN
電話 | ＋ 44（0）1202 863800
網址 | www.keith-spicer.co.uk

這家茶店售賣多種經典茶品，並開設品茶會。

### Norwich Castle Museum

地址 | 24 Castle Meadow, Norwich NR1 3JU
電話 | ＋ 44（0）1603 493625
網址 | www.museums.norfolk.gov.uk/norwich-castle

收藏大量優質茶具，其中一個展廳有三千個茶壺。

第 四 章
Chapter 4

特色

英國茶品

# 英國茶入門

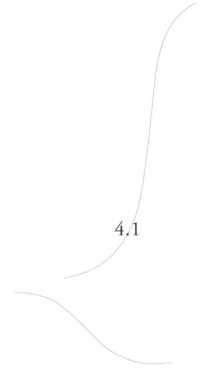

4.1

英國人對茶的熱情超過其他任何國家,幾乎人人喝茶,如癡如醉。據國際貿易中心(The International Trade Center)的數據顯示,超過半數的人(61%)每天都要喝一杯茶。英國天氣不適宜種植茶樹,他們就把茶樹種到世界各地。2017 年英國進口紅茶超過一半(約 62,222 噸)來自非洲的肯尼亞,而印度茶則名列第二(約 17,119 噸),非洲的馬拉維排第三(約 11,197 噸),其他對英國出口茶葉的國家有荷蘭、瑞典、坦桑尼亞、波蘭、盧旺達、津巴布韋和印尼。中國的紅茶雖然未能上榜,但中國茶在英國的市場佔有率

的確逐年增多，例如綠茶、白茶和烏龍茶。「混合」是英式茶的精髓，在英國市面上銷售的茶葉 90% 是混合茶。大家常喝的伯爵茶、下午茶、早餐茶，都是傳統經典配方。幾百年來，這些混合了花、果和精油的茶葉形成了獨具特色的英式茶。

我常常想，為什麼英國人要混合甚至調味茶葉？中國人喝茶，以清飲為主，注重「體味」，講究通過喝茶去獲得精神層面的「道」。而英國人更實際，更強調味覺的享受，所以會想到混合搭配，講究調味，追求更美味的茶飲。多數人認為，英國人早期迷戀茶葉程度極高，而鴉片戰爭之後，英國以進口印度、錫蘭（即今「斯里蘭卡」）等地的茶葉為主，中國茶逐漸淡出，使得英國市場缺乏高品質茶葉和多元化選擇，為了安撫寂寞的味蕾，保證茶葉風味品質的穩定，茶商開始著重推出各種混合茶。但其實這是一個迷思，我們真的不知道混合茶到底什麼時候出現。其實，英國在鴉片戰爭之前的一百多年就已經開始混合茶葉。1706 年，湯瑪斯·川寧（Thomas Twining）在斯特蘭德（Strand）開店時就有一個記錄為不同客人混合茶葉配方的文件。

英國茶分為茶園茶、產地茶、混合茶和調味茶。茶園茶來自單一茶園，並未進行任何混合。產地茶則涉及到同一個產地內的茶葉混合。而混合茶更是混合了不同產地、不同國家的茶。調味茶是在茶葉中添加花草、水果、香精和香料等。

中國茶的拼配主要集中在同一種茶葉，同一個地區，例如我們雲南產的普洱茶之間的拼配就包括：等級拼配、茶山拼配、茶種拼配、季節拼配、年份拼配和發酵度拼配。這和英國的產地茶比較類似。

鴉片戰爭後，英國以進口印度、錫蘭等地的茶葉為主。（圖為東印度公司茶品）

而英式混合茶可以有不同茶園、不同產地、不同國家的同一種茶的拼配，甚至於不同茶種的拼配。例如，紅茶可以用祁門混合滇紅和阿薩姆。比起中國茶的拼配，英式混合茶的地理範圍更廣，拼配橫跨六大茶類，賦予茶葉更多創造力，也更個性化。英國式拼配還是一種用來穩定和提高茶葉品質、擴大貨源、獲取較高經濟效益的常用方法，這些優點與我們的普洱茶拼配是異曲同工。

在英國，除了混合茶，調味茶更是大行其道。這通常是在混合茶的基礎上添加各種花、果、香料和精油。雖然我們也有類似的調味茶，比如花茶，但和英國的混合調味茶有著本質的不同。中國的花茶是調味茶的代表，一種花配一種茶，例如茉莉花茶，只用一種綠

茶或一種白茶配茉莉花。比起英國的調味茶，中國的花茶工藝更複雜，有「七窨」、「九窨」之說，茉莉花茶以茶中不見花為上。而西方的調味茶則以創造力著稱，更注重視覺效果。英式茶可以多種茶葉、花、香料和精油混合，深褐色的茶葉襯托著色彩亮麗的花草乾果，不僅味道變化多端，看起來也是賞心悅目。我們熟知的伯爵茶就是用了中國的祁門和錫蘭紅茶混合香檸檬精油而成。有些牌子的伯爵茶還加入柑橘皮和亮藍色矢車菊花瓣，不僅口感層次豐富，乾茶看起來活潑輕盈，也是一道風景。

在英國，調茶師是冷門職業，也是比較難進入的行業。調茶師是一家茶葉公司的靈魂，通常都要經過多年的訓練，從採購茶葉做起，慢慢進入到調茶領域。茶葉拼配技術要求高、難度高，調茶師通過感官經驗和拼配技術，把具有一定共通點而性質不一的茶品拼配到一起，取長補短，達到美形、勻色、提香和增味等目標，調製出更美味、更有特色的茶品。

無論是單一茶園的高端茶還是混合了花草的調味茶，在英國都有市場。英國愛茶人通常會喝幾種茶：早上可能喝混合早餐茶，有時品些茶園茶，偶爾也泡調味茶轉換一下口味；在旅行或外出時，也會喝茶包。但大多數英國人還是以茶包為主，茶包在英國茶葉市場佔96% 的份額（2007 年）。

# 英國茶種類

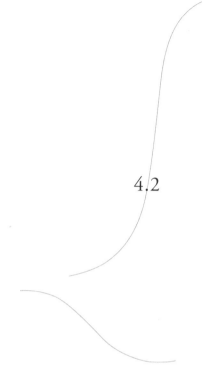

4.2

英國的茶風味百變，應有盡有，有時又會給人帶來種種錯覺，例如：英國茶都是茶包或者英國茶都是混合茶等等。其實，嚴格來說，市面上的英國茶分為：茶園茶、產地茶、混合茶、調味茶、水果草本茶和無咖啡因茶。

## 茶園茶 / Single Estate Tea

產於單一茶園，未經過混合的茶。

---

## 產地茶 / Single Origin Tea

單一區域或國家生產的混合茶，通常以產地名為茶名的紅茶，如印度的大吉嶺紅茶（Darjeeling Tea）、阿薩姆紅茶（Assam Tea）、錫蘭紅茶（Ceylon Tea）等。

---

## 混合茶 / Blended Tea

指的是在原味茶內增加其他種類的茶葉的混合紅茶（唯有如大吉嶺、錫蘭、阿薩姆等品質較好的單品茶種才可用來當作基茶調製混合茶）。在茶葉的混合分配上，必須注意滋味與香氣能否平衡協調，以及茶葉的形體大小是否一致。此外，從各個著名茶品牌的招牌混合茶款裏，也可以清晰窺察該品牌的顯著特點。

---

## 調味茶 / Flavored Tea

指的是在製作紅茶的過程往茶葉裏添加了水果（如藍莓、檸檬、荔枝、水蜜桃、蘋果、香蕉、菠蘿和葡萄等）、花（如玫瑰、茉莉、紫羅蘭和薰衣草等）、香草和香料，賦予茶葉多元化香氣的紅茶。調味茶也是最容易被紅茶初入門者接受的茶。其中最為典範、歷史也最為悠長的調味茶是英國出名的格雷伯爵茶。

# 水果草本茶

## Fruit & Herbal Tea

水果草本茶在英國乃至整個歐洲都很流行。這種茶有些有茶的成分，有些並沒有茶的成分，而後一種嚴格來說並不是茶。水果草本茶通常以清飲為主，或可適當添加糖和蜂蜜，較多以茶包形式售賣。水果與草本相遇，無論口味、湯色還是養生功效都令追求清新自然的歐洲人趨之若鶩。常見茶品有：洋甘菊茶（Chamomile Tea）、薄荷茶（Mint Tea）、薑茶（Ginger Tea）、芒果草莓茶、檸檬薑茶和黑加侖子黑莓茶等等。這些水果草本茶不但方便好喝，還具有多種養生功效，例如：檸檬和薑搭配有助預防感冒、菊花茶清熱解毒，還有一種睡前茶以多種草本植物搭配，有助放鬆安眠。

# 無咖啡因茶

## Decaffeinated Tea

無咖啡因茶在包裝上通常標示「Decaffeinated」，或簡寫為「decaf」。對於有些對咖啡因過敏的人來說，無咖啡因茶品值得關注。無咖啡因茶是通過一些手段去掉茶葉中的大部分咖啡因。現今，對於無咖啡因產品還存在一些爭議。首先，茶葉的風味和香氣不可避免地受到影響。其次，茶葉中的精華——茶多酚，在除去咖啡因的過程中也被削減。宣導自然健康的著名美國醫生 Andrew Weil 為，市場上銷售的大多數無咖啡因產品的保健功效都被不同程度地削減。然而，對於有「茶癮」的孕婦和對咖啡因過敏人士來說，無咖啡因茶品和水果草本茶都是福音，可以聊以慰藉。

# 包裝方式

## 罐裝　Tea Caddy

金屬罐裝，
價格稍高。

## 散裝葉茶　Loose Leave Tea

品質比茶包好，適合
追求質量的消費者。

## 茶包　Tea Bag

茶包除了傳統的長方形單囊和雙囊款式之外，也有較高檔的立體三角形和鑽石型茶包。立體設計使茶葉有足夠的伸展空間，茶汁釋出更快，有利於內涵物質的釋放，如今越來越受歡迎。

## 即溶茶　Instant Tea

粉末狀，加水攪拌。傳統的即溶茶呈粉末狀，加水攪拌就可以喝了，以濃郁香氣為主。現在還出現一種新的膠囊式即溶茶，可以用現在流行的濃縮咖啡機沖泡，節約 90% 沖泡時間，口味更濃郁。

# 混合調味茶的原料

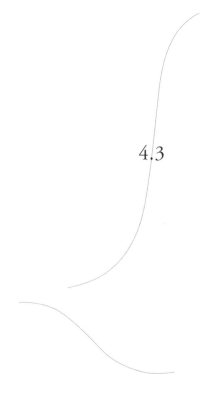

4.3

英式混合茶風味百變，色彩繽紛，有醒神濃郁的早餐茶、清新怡情的下午茶、安神助眠的晚餐茶等等，應有盡有。英式茶以混合技術見長，除了各種茶葉風味的取長補短，還適當混入各式鮮花、水果、草本、香料和精油等，更在不同節日和季節增添新口味，使茶葉產品更豐富，消費者有更多選擇。

## 茶葉                            Tea

無論英式茶混合了多少原料，茶葉永遠是主角。只有品質較好的茶葉才可以用來做茶底，例如上好的滇紅、祁門和錫蘭茶等是常用的基底茶葉。如今的英國人並不只是對紅茶情有獨鍾，還熱愛綠茶、白茶和烏龍茶。倫敦街頭的大小茶店都有其獨特的混合秘方，茶葉原料早已全球化。

## 花                            Flower

英國人偏愛中國的茉莉花茶，而花是英式混合調味茶最常見的原料之一。花除了可以增加茶葉的芳香度和濃郁度，還有一定的養生功效，比如薰衣草和洋甘菊常常被用在晚安茶中。有些香氣及滋味較淡但顏色艷麗的花常常用來裝飾，例如金盞花、矢車菊。英式混合調味茶中常見的花主要有：茉莉、玫瑰、矢車菊、洋甘菊、薰衣草、金盞花、藏紅花、洛神花和接骨木花等。

## 草本　　　　　　　　　　　　　Herbs

草本植物除了可以增添獨特的香氣，還有藥物作用。入茶的常見植物有：甘草、薄荷、薄荷籽、班蘭葉和檸檬葉等。

## 香料　　　　　　　　　　　　　Spices

有些英國茶加入不少印度香料，氣味濃烈。這也許是因為印度曾經是英國殖民地的緣故，而且英國有很多印度人，加了香料的茶葉很有市場。有一種「印度香料奶茶」（Masala Chai 或者 Chai Tea）很流行，原料包括：豆蔻、丁香、八角、肉桂、薑、紅茶、糖和牛奶。這種奶茶看原料很奇特，但是喝起來真的香甜、濃郁、順滑、可口。飲用之後解乏、暖身，還飽肚，是適合冬日的茶飲。

## 水果　　　　　　　　　　　　　　　Fruits

水果及果皮也是英式混合調味茶的重要原料，通常用來增加茶葉的酸甜度，改善調節茶湯的顏色。也有專門的水果茶，裏面並不含茶葉。英式茶中常用到的水果主要有：蘋果、草莓、柑橘、覆盆子、檸檬、青檸、梨子和桃子等。

## 精油　　　　　　　　　　　　Essential Oils

精油是許多經典英式混合茶不可缺少的原料，比如英國最出名的「伯爵茶」就添加了香檸檬精油，具有獨特的柑橘清香。現今的英國茶，除了最基本的柑橘、鮮花和香料類精油，還開始使用牛奶、焦糖、忌廉、可可等風味的精油，使得配方更年輕化。街頭茶店和超市裏，奶香朱古力、焦糖摩卡、雲呢拿雪糕等千奇百怪的調味茶比比皆是，創意驚人。

# 經典英式茶

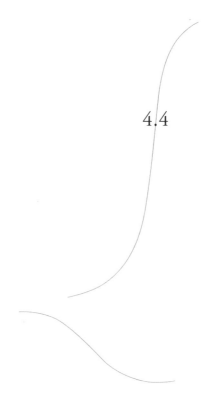

4.4

在英國，混合調味茶配方眾多，口味推陳出新，讓人眼花繚亂，不知從何下手。其實最經典的調味茶莫過於伯爵茶，英國人喝得最多的茶非早餐茶莫屬，最清雅適合清飲的是下午茶，而最具異國情調的就是印度香料奶茶了。

| | | |
|---|---|---|
| 伯爵茶 | Earl Grey | |

| 原料 | 大吉嶺、高海拔錫蘭、中國紅茶、香檸檬精油等 |
|---|---|
| 特點 | 清新柔和，帶柑橘香氣 |
| 沖泡 | 95°C，建議清飲，也可加牛奶和糖，但不宜加檸檬。 |
| 搭配 | 瑪德蓮蛋糕（madeleine） |

伯爵茶是英式第一名茶。各大品牌都有自己的混合配方，但萬變不離其宗。基底茶通常選用祁門、大吉嶺、高海拔錫蘭等滋味清新淡雅的紅茶，再加入香檸檬精油，使得這款經典茶的香氣格外清新迷人。有些品牌還加入柑橘類果皮、矢車菊和金盞花瓣，一改茶葉的沉悶顏色，使得乾茶看起來鮮艷雅致，提升茶品檔次。

如今，伯爵茶漸漸自成一類，在傳統的經典配方上，發展出加入薰衣草和橙皮的仕女伯爵茶（Lady Grey）和使用南非紅茶的 Rooibos Grey。

另外，英國咖啡館和茶室裏常見的飲品 London Fog 就是由伯爵茶添加奶沫、香草糖漿製成的紅茶拿鐵。到了倫敦，一定要試試哦！

| | |
|---|---|
| 早餐茶 | Breakfast Tea |

| | |
|---|---|
| 原料 | 阿薩姆、肯尼亞出產的紅茶、低海拔錫蘭等 |
| 特點 | 口感濃郁飽滿、香氣濃郁、湯色深紅 |
| 沖泡 | 100℃，加糖加奶 |
| 搭配 | 全英式早餐（full English breakfast） |

英式早餐茶是全英上下全民共享的茶品，又叫「開眼茶」。早上一杯，加了牛奶和糖的早餐茶香濃可口，提神醒腦，配合豐富的全英式早餐，是精力充沛地迎接新一天的正確打開方式。這款經典英式茶採用口味濃郁的茶葉，例如阿薩姆、肯尼亞出產的紅茶或低海拔錫蘭紅茶，口感飽滿，香氣豐富，湯色深紅，咖啡因含量較高。

早餐茶有地域特點，不同區域的人們愛好不同口味。

· 經典英式早餐茶：以印度、肯尼亞出產的紅茶和低海拔錫蘭紅茶為主。
· 愛爾蘭早餐茶：比經典英式早餐茶更濃郁，茶以阿薩姆紅茶為主，有較濃郁的麥芽芳香。
· 蘇格蘭早餐茶：蘇格蘭水質偏軟，當地人喜愛濃茶，因此蘇格蘭早餐茶是英倫三島中最濃郁的。

| 下午茶 | Afternoon Tea | 原料 | 大吉嶺、高海拔錫蘭、中國紅茶等 |
| | | 特點 | 清新優雅、香氣濃郁 |
| | | 沖泡 | 95°C，建議清飲，也可加牛奶和檸檬。 |
| | | 搭配 | 英式鬆餅、蛋糕和餅乾 |

作為午後消遣小憩享用的下午茶不同於早餐茶的飽滿濃郁，英式下午茶更優雅清淡。原料通常為高低海拔的錫蘭紅茶混合起來，精緻細膩。可以清飲，也適合加入牛奶和檸檬。

品質較高的下午茶通常選用大吉嶺、祁門等高端紅茶做底，再混入少許烏龍、矢車菊或玫瑰花瓣等，有時還會加入柑橘類精油，突出清新高雅的口感。這種下午茶則適合清飲。

| | | | |
|---|---|---|---|
| 印度香料奶茶 | Masala Chai | 原料 | 阿薩姆紅茶、肉桂、丁香、豆蔻、薑、糖、奶 |
| | | 特點 | 濃郁辛香、暖胃，適合冬季 |
| | | 沖泡 | 煮茶，將茶、奶、香料煮開後一分鐘熄火，再加入糖。 |
| | | 搭配 | 椰子味糕點和餅乾 |

第一次喝印度香料奶茶是在一位印度朋友家中。記得那天是一個晴朗的下午，她煮了印度「Chai」，還準備了印度甜點心。從落地玻璃門射進廚房的陽光灑在原木餐枱上，逆著光透過馬克杯裏升起的熱氣，我打量著這個小小的廚房。熱烘烘的茶捧在手中，肉桂生薑的辛香味撲面而來。入口又甜又辣，滋味飽滿，奶茶混合了印度香料，味道出奇的好。來自印度的香料奶茶現在已經普及至全世界，成為許多咖啡館和茶室的特色茶之一。

正宗的印度香料奶茶是煮茶。茶、奶和香料煮開後一分鐘熄火，這樣茶和香料的味道便完全釋放出來，再加入糖，就是一杯色香味俱全的印度香料奶茶了。

# 英國五大茶品牌

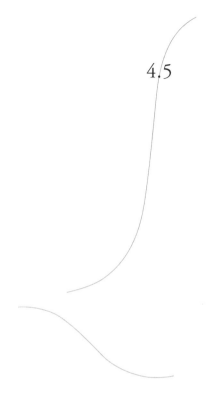

4.5

紅茶是英國人最驕傲的文化，英國茶品質量有保證，包裝精美，品種豐富。如果到了英國，一定要買一些經典茶，除了自己飲用，還是贈送親朋好友的上好禮品。這裏介紹的五個名牌茶品，不但歷史悠久、風格顯著，還提供多種價格和包裝，豐儉由人。

# 福南梅森 Fortnum & Mason
## 英國皇室御用茶

地址 | 181 Piccadilly, London W1A 1ER
網址 | www.fortnumandmason.co.uk
價格 | 茶包 25 個裝 £4.5 起，罐裝散茶 250 克 £11.95 起。

位於倫敦市中心奢華的梅菲爾區（Mayfair）的福南梅森百貨，創立於 1707 年，地址至今仍在皮卡迪利（Piccadilly）一百八十一號，是英國倫敦最著名的品牌之一，也是銷售高級食品和各種奢侈品的食品店和百貨商店。從西方與遠東開始貿易到英國本土第一次收穫茶葉，福南梅森從世界各地採購、調配，致力於把最優質的茶葉提供給英國消費者。

推薦茶品

福南煙燻伯爵茶
250 克罐裝散茶

Smoky Earl Grey

250g Loose Leaf Caddy

應白金漢宮請求而誕生的「福南煙燻伯爵茶」是由香檸檬、正山小種和火藥茶（珠茶）混合而成的。正山小種煙燻味濃郁，深受歐洲人喜愛；珠茶又稱「平水珠茶」，是將炒青綠茶製成一顆顆圓球狀。和正山小種一樣，珠茶於 17 世紀流入歐洲，成為當紅的中國外銷綠茶，香氣濃、耐久泡，還有「綠色珍珠」的美譽。這款煙燻伯爵茶香氣高雅，滋味醇厚，透著淡淡的柑橘清香，很是惹人喜愛。

## Royal Blend Tea

250g Loose Leaf Caddy

皇家調製茶
250 克罐裝散茶

福南梅森最出名的「皇家調製茶」是鎮店之寶。這款氣味典雅端莊，口感充滿貴族氣質的紅茶，是在 1902 年夏天專門為愛德華七世調配的阿薩姆和低海拔錫蘭混合茶。後者為阿薩姆的麥芽香添加輕快而令人振奮的元素。品一口「皇家茶」，濃郁的阿薩姆味道明顯，然後錫蘭的香甜順滑接踵而至，整體口感濃厚甘醇，滋味強烈，有王者之勢，與牛奶搭配更可口。

## Queen Anne Blend

250g Loose Leaf Caddy

安妮女王調製茶
250 克罐裝散茶

如果喜愛較清新的口感，可以選擇「安妮女王」混合茶。這款於 1907 年福南梅森成立 200 週年時調配的茶是由阿薩姆和高海拔錫蘭混合而成，配方比例中的阿薩姆茶底比起皇家茶，分量稍輕，所以口感明快清新，適合全天候清飲。

# 東印度公司 The East India Company
## 小眾高端精品

地址 │ 7 Conduit Street, Mayfair, London W1S 2XF
網址 │ www.theeastindiacompany.com
價格 │ 茶包 20 個裝 £4.5 起，罐裝散茶 125 克 £15 起。

這是一家身世撲朔迷離的公司。一說起東印度公司，不免令人想到三百年前那家壟斷對印度貿易的英國東印度公司，聯想起大英帝國的殖民主義和鴉片戰爭。從公司網站的宣傳看來，這就是那家富有傳奇色彩、赫赫有名的東印度公司。然而，其實此東印度公司非彼東印度公司。這是 2005 年被一個商人收購「東印度公司」招牌而成立的高端食品公司。但無論怎樣，這確實是一家惹人喜愛的高級食品行。現今，這家旗艦店位於倫敦西區中心，靠近龐德街（Bond Street）購物街的東印度公司是值得一逛的好去處。

店內的裝飾東方色彩濃厚，以番紅花色調為基底，華貴中透露著雅致，熱情中又包含一絲含蓄。店內高低錯落地陳列著琳琅滿目的茶葉、咖啡、朱古力、餅乾、果醬和各種調味品，包裝精美獨特，既是禮品又是藝術品。這裏的茶葉超過一百四十款，風味獨特，是品質絕佳的小眾精品。挑選茶葉的同時，還可以欣賞一下價值不菲的各款精美骨瓷茶杯，或者乾脆一起買回家，好茶配好杯。

東印度公司的產地茶值得推薦。阿薩姆、大吉嶺和錫蘭這些常備茶款的品質都很好，價格比起其他茶品只是略高。

大吉嶺二〇一七頭採散紅茶

40 克袋裝

Darjeeling First
Flush 2017
Loose Black Tea

Pouch 40g

2017 年春茶，原料採用一芽一葉，控制苦澀度，提升花果香氣。值得注意的是，雖說是紅茶，但近些年的大吉嶺高檔春茶發酵程度偏低，茶葉偏綠，茶湯黃綠明亮，花香馥郁，口味清甜，略帶一絲澀。

士丹頓伯爵茶

茶包 20 個

The Staunton
Earl Grey
Black Tea

Sachets × 20

伯爵茶是英國茶的代表，各大品牌都有自己的特色。東印度公司的伯爵茶以佐治・士丹頓（George Staunton）命名，來紀念這位英格蘭旅行家和東方文化研究者。這款茶味道濃郁，香氣高揚，用來沖泡奶茶很出色。

昂吉爾總督孟買香料茶

125 克罐裝散茶

Governor
Aungier's
Bombay Chai

Loose Tea Caddy
125g

印度香料奶茶在英國很流行，各大茶品牌都有相應的茶品，也是倫敦街頭茶室和咖啡店的常備茶品。東印度公司這款茶以曾經擔任孟買總督的英國人 Gerald Aungier 命名，他在任期間大力發展孟買的商業，確立了孟買的商業大都市地位。這款調味茶用印度紅茶為底料，加入肉桂、丁香和豆蔻，滋味濃郁，富有活力，與牛奶和糖混合，就是一杯非常具有異國風味的奶茶。

# 哈洛德百貨 Harrods
## 大方手信

地址 │ 87-135 Brompton Road, Knightsbridge, London SW1X 7XL
網址 │ www.harrods.com/en-gb
價格 │ 茶包 20 個裝 £4.5 起，罐裝散茶 125 克 £9.5 起。

到了倫敦，無論如何不能不逛逛極盡奢華的世界頂級百貨公司哈洛德百貨。歷史悠久的哈洛德百貨，論裝潢、論品味、論內涵都不輸給世界上任何一家百貨公司，不愧為世界上最負盛名的百貨公司。

其位於一樓美食部的茶葉專區也可圈可點。這裏的茶品琳瑯滿目，混合茶葉大都有編號，只有暢銷的茶品才會持續生產，因此編號並不連續。哈洛德百貨的茶品從頂級世界莊園金罐系列、古色古香的傳統系列，到不含咖啡因的花果茶，應有盡有，豐儉由人。

推薦茶品

大吉嶺歐凱迪莊園紅茶

125 克散裝

Darjeeling
Okayti
Treasure

125g Loose
Leaf

大吉嶺歐凱迪茶園茶經過採茶師長達八小時的靜心挑選，約 60 克茶葉中只有 15 到 20 克才能被製作成此款茶。在眾多的茶樹中，只有極少部分茶樹能產出這種高品質的茶葉。清晨採摘，手工揉捻，這款茶外觀明亮金黃，口感富含新鮮水果的風味。

No.18
Georgian Blend

Sachets × 50

茶包 50 個
No.18 喬治亞特調

此款茶由印度阿薩姆、大吉嶺和斯里蘭卡錫蘭茶混合調製而成，口味平衡和諧，醇和中透出大吉嶺的清香，適合加糖、蜂蜜和牛奶。

Harrods Fruit &
Herbal:
Spring, Summer,
Autumn, Winter and
Birthday Celebration

Loose Leaf Caddy 125g

125 克罐裝散茶
慶生
秋之楓、冬之霜、
春之卉、夏之陽、
哈洛德花果茶系列：

這個系列的花果茶除春之卉外，都不含茶，因此不含咖啡因。花果茶是西方的傳統飲料，樸實健康，回歸大自然，是歐美人士的養生茶飲。此系列包括春夏秋冬和慶祝生日茶，包裝設計精美，寓意美好，是送禮的好選擇。其中夏之陽加入蘋果、洛神花、玫瑰果及莓子，茶湯色澤紅艷，口感酸甜清新，冷熱皆宜，最適合於夏天製作冰爽甜美的冷凍茶。

# Whittard of Chelsea

## 百年大眾精品

地址 | 435 The Strand, London WC2R 0QN
網址 | www.whittard.co.uk
價格 | 茶包 50 個裝 £4.5 起，罐裝散茶 100 克 £11.5 起。

於 1886 年在英格蘭創立的 Whittard，是英國歷史悠久的茶葉品牌。其茶品不屬於超市級別，而是經品牌開設的專賣店出售。Whittard 在全英有五十多家零售專賣店，主要販售茶葉、咖啡、朱古力、甜點及精緻茶具等。

Whittard 的茶品包裝體貼別致，每種產品均有四種包裝：金屬罐裝散茶、紙袋裝散茶、盒裝獨立包裝茶包和盒裝經濟茶包。價格也很親民，是入門級優質選擇。

推薦茶品

英式早餐茶包

25 個裝獨立包裝

## English Breakfast
25 Individually
Wrapped Teabags

發源於蘇格蘭愛丁堡的早餐茶，混合了阿薩姆、錫蘭和肯尼亞茶葉的茶葉，口味濃郁，尤其適合早上提神爽氣、去油解膩。此款茶品適合加牛奶和糖，美美的一天從一杯香醇濃郁的奶茶開始。

下午茶 100 克罐裝散茶

Afternoon Tea

Loose Tea
Caddy 100g

Whittard 賣得最好的茶之一，採用了中國紅茶、烏龍和茉莉綠茶，有清幽的茉莉花香。英國下午茶比起早餐茶，口味淡雅，適合清飲。

水果花草茶系列

Fruit&
Herbal Tea

Whittard 的水果花草茶也是經典產品。由一種或幾種水果或花草拼配而成，口感酸酸甜甜的，適合加蜂蜜調飲。推薦梅子系列，清新開胃，是夏天冷飲的最佳選擇。

**皮卡迪利混合茶**

Piccadilly
Blend

以倫敦購物圓環中心的「Piccadilly」（皮卡迪利）取名，象徵著英國長遠的歷史。這款紅茶有著玫瑰、草莓和蓮花等香氣，喝來有如莓果茶般，搭配輕盈法式蛋糕，即時彷彿身在皮卡迪利，享受繁華與優雅的下午茶。

**英國玫瑰紅茶**

English
Rose

這款茶是為了紀念戴安娜王妃而調製的。以頂級錫蘭紅茶為基底並加入了英國國花玫瑰，有著十足的玫瑰香氣，喝來順口細緻，也適合加入牛奶。暖暖的午後配上一杯濃濃的散發著玫瑰香味的奶茶，溫暖愜意，尚有何求？

# 川寧 TWININGS

## 平價超市代表

地址 | 216 Strand, London WC2R 1AP
網址 | www.twinings.co.uk
價格 | 茶包 50 個裝 £2.99 起，罐裝散茶 100 克 £6 起。

川寧是英國最古老而經典的茶品牌之一，是一個飄香三百年的優雅茗香傳奇。川寧茶貫穿高中低檔，在各大超市、賣場幾乎都能看到它的身影。自 1706 年誕生以來，川寧茶引領著英國飲茶文化的新潮流。在全世界愛好茶文化的人眼中，川寧茶就是英國茶飲的代表。

現今，英國人民家中必備的川寧茶，更風靡全世界一百多個國家。甄選最優良的品種製作川寧經典紅茶，從全世界各個著名的產茶區採摘最新鮮的茶葉，是川寧的服務宗旨。英國茶以調配茶著稱，川寧的每一個調配專家不但對各產茶國有著廣泛了解，更對某一個特定產茶區域有著集中深入的專業知識。這樣，川寧就能夠以最優質的原料為基礎，不斷開創新口味，從而引領茶飲潮流。

走進倫敦川寧茶老店，狹長的店面，裝飾優雅古樸，歷史感很強。川寧茶的突出特點是：茶葉品種繁多、包裝精緻獨特，英倫味兒與茶香一起撲面而來。川寧出售一種木製有隔斷的禮盒，精緻大氣，繪有川寧的金色標誌，顧客可以自由搭配不同口味，讓收禮人切身感受到品牌的典雅，是旅英人士最佳手信。

## 伯爵紅茶

100 克罐裝散茶

### Earl Grey

Loose Tea
Caddy 100g

清新的口感，融入淡淡的香檸檬芬芳，最適合在午後時光用一顆閒適的心細細品嚐。尤其其柑橘芬芳，更能讓繁複的心境隨之沉澱，時時刻刻注入新的力量。飲用時不需要添加檸檬，享用原味或添加少許牛奶都是不錯的選擇。

## 仕女伯爵紅茶

100 克罐裝散茶

### Lady Grey

Loose Tea
Caddy 100g

仕女伯爵茶是為格雷家族的成員——格雷二世的夫人所調製的，添加檸檬與香橙的果皮，帶入柑橘、檸檬的酸香氣息，使茶葉呈現豐富的果香口感，風味更清新，口感更柔和。

## 英式早餐茶包

100 個裝

### English Breakfast

Tea Bags × 100

經典調和風味，口感較為扎實飽滿，味道稍強勁，混合阿薩姆及肯尼亞茶等味道鮮明的茶，帶有阿薩姆紅茶的特殊麥香。適合搭配口味濃郁的英國傳統早餐，有助於去油解膩。濃郁的口感亦適合用於調配英式奶茶。

這些茶品均包括茶包和罐裝散茶可供選擇。

清香花果茶也是川寧的一大特色。其配方富有創意，口味獨特，堪稱「神奇」。石榴與覆盆子，蔓越莓與血橙，檸檬與生薑和黑加侖子、人參與香草，這林林總總的口味裏，總有幾款適合你。各種創新口感不但能夠成功吸引年輕人，還有助於保持老顧客的新鮮感。在慵懶的清晨沖泡一杯川寧清新花果茶，使人精神百倍。

除川寧外，其他大眾超市品牌還包括：Clipper Tea、PG tips、Pukka Herbs、teapigs、Tetley、Typhoo 和 Yorkshire Tea 等，為愛茶人提供豐富的選擇。

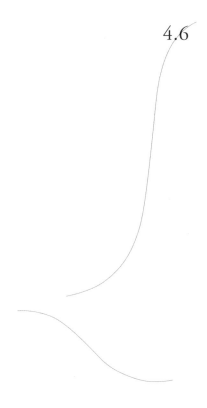

# 國際紅茶等級

選購英國紅茶時，你可能注意到包裝上一連串英文字母，例如：FTGFOP、FOP、BOP 等，令人迷惑不解，即使是喝茶很久的人也未必清楚這些標示的意義。有人說，英文字母越長就是等級越高，表示茶的品質越好。真的是這樣嗎？要買的明白，喝的明白，還是要搞清楚這些字母的含義才好。這些英文縮寫是紅茶等級的標示，只在產地茶的包裝上顯示，混合茶和調味茶則通常不會顯示茶葉等級。國際紅茶體系很完善，根據包裝上的等級標示購買茶葉，預算和品質都在掌控中。以下從最基本的等級開始認識國際紅茶等級。

# 全葉茶　　　　　　　　　　　　Whole Leaf

**P.（Pekoe）白毫**

最初是指「一芽兩葉」裏的芽。紅茶最早是被荷蘭人從福建帶入歐
洲，而白毫的福建口音是：Peh-Ho，就是荷蘭文 Pekoe。後來英
國人開始茶葉貿易，Pekoe 就成了英文中的外來文，一直沿用至今。
但是隨著國際紅茶等級的不斷發展，Pekoe 已經脫離了白毫的原始
意義，現在普遍指新鮮的嫩葉。

**O.P.（Orange Pekoe）橙黃白毫**

這個「橙」字很容易令人誤解為橙味，或者被牽強附會地說成採摘
的嫩芽帶有橙黃顏色或光澤。茶葉最早是被荷蘭人引進歐洲，而橙
色是荷蘭的代表色，在表示白毫的 P 前加上 O，用來強調茶葉的高
貴，但現在也只是一個茶的基本分級標示。

**F.O.P.（Flowery Orange Pekoe）花橙白毫**

F.O.P. 就是中國茶所說的「一芽兩葉」，而 O.P. 是不帶芽的。以
F.O.P. 花橙白毫的採摘條件再繼續分級，等級越高，代表茶的完整
度與含芽量越高。

**G.F.O.P.（Golden Flowery Orange Pekoe）金黃花橙白毫**

Golden 是指嫩芽尾端金黃色的部位，這個級別的茶葉帶有較多較
嫩的芽頭。

### T.G.F.O.P.（Tippy Golden Flowery Orange Pekoe）顯毫金黃花橙白毫

Tippy 是細芽的意思。這個級別的茶的金黃嫩芽含量更高，品質更好。

### F.T.G.F.O.P.（Finest Tippy Golden Flowery Orange Pekoe）細嫩顯毫金黃花橙白毫

Finest 是細嫩的意思。茶葉含芽量達 25% 以上，品質相當高。這個級別的茶太珍貴，有人開玩笑戲稱 FTGFOP 是「Far Too Good For Ordinary People」，意思是這種茶葉太好了，不是普通人可以享受的。

### S.F.T.G.F.O.P.（Special Finest Tippy Golden Flowery Orange Pekoe）特級細嫩顯毫金黃花橙白毫

Special 是特別的意思。這是紅茶的最高等級。這個級別的紅茶品質相當高，也很罕有。

除英文字母外，偶爾還會出現如數字「1」的標示，比如 TGFOP1，意思是該級別裏較為頂尖的級別。

# 碎葉茶　　　　　　　　　　Broken Leaf

B 代表 Broken，指的是全茶葉經過篩選後留下來的碎茶葉，等級由高到低，區分如下：

**T.G.F.B.O.P.**（**Tippy Golden Flowery Broken Orange Pekoe**）
顯毫金黃花橙白毫碎葉（碎茶葉的最高等級）

**G.F.B.O.P.**（**Golden Flowery Broken Orange Pekoe**）
金黃花橙白毫碎葉

**G.B.O.P.**（**Golden Broken Orange Pekoe**）
金黃橙白毫碎葉

**F.B.O.P.**（**Flowery Broken Orange Pekoe**）
花橙白毫碎葉

**B.O.P.**（**Broken Orange Pekoe**）
橙白毫碎葉

**B.P.**（**Broken Pekoe**）
白毫碎葉

**B.P.S.**（**Broken Pekoe Souchong**）
小種碎葉

碎茶葉再篩選下來，就是細碎葉茶和茶末等級（Fannings and Dust），也就是廉價茶包中用到的粉末狀茶葉。在這裏就不一一論述。另外，如果看到 CTC（Crush, tear, curl），則指的是一種茶葉加工方法，是茶葉在製作過程中以機器做輾壓、切碎和揉捻的動作。

# 紅茶分級的主要名詞

B ： Broken 碎型

D ： Dust 茶粉

F ： Finest 細嫩

F ： Flowery 花香

Fgs ： Fannings 片

G ： Golden 金黃

O ： Orange 橙黃

P ： Pekoe 白毫

S ： Special 特別的

T ： Tippy 細芽

掌握了紅茶的等級規範，消費者就容易分辨茶葉品質的高低，可是仍無法判斷茶葉的滋味。雖然茶葉的等級和風味在一定程度上呈正比，但並不絕對，尤其是不同莊園、不同品種，以及加工過程的差異，相同等級的茶葉，茶湯的表現還是會有不同。想找真正適合自己的茶，還是要在選定級別範圍後，親自品嚐才好。

# 參考書目

Heiss, Mary Lou & Heiss, Robert J. (2010). *The Tea Enthusiast's Handbook: A Guide to Enjoying the World's Best Teas*. California: Ten Speed Press.

Pettigrew, Jane & Richardson, Bruce. (2014). *A Social History of Tea: Tea's Influence on Commerce, Culture & Community*. Danville: Benjamin Press.

Pettigrew, Jane. (2004). *Afternoon Tea*. Norwich: Pitkin Publishing.

Rose, Sarah. (2009). *For All the Tea In China: How England Stole the World's Favorite Drink and Changed History*. London: Penguin Books.

Fortnum & Mason Plc. (2010). *Tea at Fortnum & Mason*. London: Ebury Press.

Simpson, Helen. (2006). *The Ritz London Book Of Afternoon Tea: The Art and Pleasures of Taking Tea*. London: Ebury Press.

# 鳴謝

感謝簡·佩蒂格魯（Jane Pettigrew）女士為本書作序，並耐心而詳盡地解答我對英國茶的諸多疑問。

感謝以下酒店和公司提供精美圖片。（按英文字母排序）

Betty's Café Tea Rooms

Claridge's

Fortnum & Mason

Hotel Café Royal

Panoramic 34

The East India Company

The Goring

The Ritz London

Twinings

Whittard of Chelsea

# 蘋果樹下的下午茶
### 英式下午茶事

秋宓　著

| 責任編輯 |
| :--: |
| 趙寅 |
| 書籍設計 |
| 姚國豪 |

| | |
| --- | --- |
| 出　　版 | 三聯書店（香港）有限公司 |
| | 香港北角英皇道四九九號北角工業大廈二十樓 |
| | Joint Publishing (H.K.) Co., Ltd. |
| | 20/F., North Point Industrial Building, |
| | 499 King's Road, North Point, Hong Kong |
| 香港發行 | 香港聯合書刊物流有限公司 |
| | 香港新界大埔汀麗路三十六號三字樓 |
| 印　　刷 | 美雅印刷製本有限公司 |
| | 香港九龍觀塘榮業街六號四樓A室 |
| 版　　次 | 二〇一八年四月香港第一版第一次印刷 |
| 規　　格 | 特十六開（152mm × 215mm）二八八面 |
| 國際書號 | ISBN 978-962-04-4319-0 |

©2018 Joint Publishing (H.K.) Co., Ltd.
Published & Printed in Hong Kong

三聯書店
http://jointpublishing.com

JPBooks.Plus
http://jpbooks.plus

# 下 午 茶 點

生活就像一杯茶，
全憑你自己去沖泡。

Life is like a cup of tea,
it's all in how you make it.

人生就像三文治，
出生是一片麵包，
死亡是另一片麵包，
你自己選擇夾在中間的餡料。
你的三文治美味還是酸澀？

——艾倫‧如福斯│美國作家

# 吮指三文治
# Sandwiches

Life is like a sandwich!
Birth as one slice,
and death as the other.
What you put in-between
the slices is up to you.
Is your sandwich tasty or sour?

–Allan Rufus │ American writer

下午茶的輕鬆時光，除了有「靚茶」，還要佐以輕量吮指小點心才好。英式下午茶的美味點心一定是從華麗三層蛋糕架最下層的三文治開始。不吃完三文治，不讓三文治鈍化一下你的食慾，是不允許你碰上層的蛋糕和英式鬆餅的。這樣，諸位也能夠在甜食面前適當控制自己，不至於吃過了頭，又要煩惱如何減肥。

所謂三文治不外乎就是兩片麵包中間夾上各種餡料，而這種簡單、巧妙又實際的食物居然花了一個多世紀才進化成今天的模樣。

三文治的雛形形成於中世紀時期。那時候人們拿粗厚的、通常不新鮮的麵包作為盤子使用，食物高高地堆在麵包上。餐後，被食物浸染過的「麵包盤」就餵給狗或乞丐，當然用餐者也可以自己吃掉。這類即用即棄免洗的「麵包盤」是開放三文治的先鋒。

Sandwich 的名字其實來自 18 世紀英國貴族「三文治伯爵」（Earl of Sandwich）。這位伯爵打牌上癮，嗜賭如命，過著二十四小時不間斷打牌賭博的荒糜生活。1762 年的一個晚上，他飢餓難忍，肚子咕咕作響。滿腦子鑽石和金錢的他不得不讓麵包和牛肉擠進思維。然而，他著實懶得正正經經地吃一頓飯，也不願意用拿肉的手把撲克牌弄得油膩不堪。「有什麼可以填飽肚子的，盡管拿來！」他咆哮道。在這個左右為難的時刻，他忽然靈光乍現。他招來男僕，低聲吩咐了幾句。不一會兒，僕人上來，遞給他一份食物——兩片麵包夾著一大塊牛肉。同桌的賭徒們嘖嘖稱奇，驚嘆這個「絕世好橋」。伯爵狼吞虎嚥地三口兩口吃掉這個世界上第一個三文治，然後在那一晚一鼓作氣贏得一萬英鎊。

三文治最早被視為夜晚賭錢和飲酒時大家分享的食物,後來地位逐漸提升到貴族們的消夜。19世紀間,三文治在英國的受歡迎度劇增,隨著工業社會的發展,三文治以配方簡單、攜帶方便、價格便宜而成為工人階級不可或缺的食品。

正宗的英式下午茶,比如麗思酒店(Ritz)的下午茶,通常以精美的茶具伴以小巧去皮的三文治開始。下午茶的經典三文治餡料有:青瓜薄片、奶油乳酪和煙燻三文魚。所有配方都以清淡為主,通常配全麥麵包。另外還有:燻火腿薄片、雞蛋蛋黃醬和水芹菜碎車打芝士,以上則通常配白麵包。

餡料夾好後,所有麵包都去皮,切成一英寸寬的手指三文治,這樣清淡、富營養、小巧且易吃的三文治就準備好了。

# 忌廉芝士小青瓜三文治

## Cucumber Cream Cheese Sandwiches

青瓜三文治是下午茶的貴族，孤傲、雅致且
無可挑剔。調味料是這款經典三文治的關鍵。
幾滴白酒醋提升青瓜的味道，白胡椒粉則使
忌廉芝士（cream cheese）的鹹鮮味更加突出。

## 食材

忌廉芝士
（cream cheese）

白胡椒粉

青瓜

白酒醋

加鹽牛油

白麵包片

全麥麵包片

## 步驟

1. 忌廉芝士混合少許白胡椒粉。

2. 青瓜切薄片，加少許白酒醋，置於容器備用。

3. 忌廉芝士均勻塗在全麥麵包上，擺上青瓜片。

4. 白麵包片均勻塗上牛油，蓋在全麥麵包上。

5. 切去麵包皮，切成四件長條形手指三文治。

# 煙燻三文魚法式酸忌廉歐芹三文治

## Smoked Salmon and Herb Crème Fraiche Sandwiches

輕盈的法式酸忌廉（crème fraîche）、新鮮歐
芹（parsley）和芥末醬，為這款美味的三文治
增添了多重口感，層次豐富，滋味鹹鮮濃郁，
是下午茶的必選之一。

## 食材

加鹽牛油

全麥麵包兩片

煙燻三文魚片

法式酸忌廉

法式第戎芥末醬
（Dijon mustard）

新鮮歐芹末

一小塊檸檬

## 步驟

1. 麵包均勻塗上牛油。

2. 法式酸忌廉、第戎芥末醬和歐芹末拌勻，塗在兩
塊麵包片上。

3. 煙燻三文魚片平鋪在一片麵包上。

4. 擠幾滴檸檬汁在三文魚上。

5. 蓋上另外一片麵包。

6. 切去麵包皮，切成長條形或四件三角形。

# 龍蒿牛油雞肉三文治

## Chicken with Tarragon Butter Sandwiches

有茴香味道的龍蒿和燒雞完美地契合，味道鮮美，配核桃麵包，口感更豐富。英國超市裏售賣各種雞胸肉，我喜歡只是加了鹽的燒烤無調味白色雞胸肉，這樣簡單更能保留雞肉的鮮味；也可以用各種口味的燒雞肉，比如燒烤雞肉或醬紅色雞肉配白麵包，看起來令人很有食慾。龍蒿可依照個人口味，用芫荽或其他香草代替。

---

| 食材 | 步驟 |
|------|------|
| 加鹽牛油 | 1. 龍蒿末和牛油拌勻，均勻塗在麵包片上。 |
| 龍蒿末少許 | 2. 雞肉夾在兩片麵包中。 |
| 核桃麵包片 | 3. 切去麵包皮，切成三角形。 |
| 薄切燒雞肉 | |

# 雞蛋三文治

## Egg Sandwiches

雞蛋三文治是三文治中的經典,下午茶必備之點心,華美的點心架上總有它的一席之地,簡單美味,永遠吃不夠。第一次學做雞蛋三文治是幾年前看《深夜食堂》漫畫時,被那個故事感動,按照書中的配方做了。配一壺靚茶,吃著,體會書中的那個情結,從此愛上雞蛋三文治。

這種家庭風味的手做三文治是單純雞蛋的香味搭配鬆軟的方包。鬆軟綿滑的口感,樸實的雞蛋香味,簡單而清爽。美好的下午茶時光,從分享一份柔軟的雞蛋三文治開始吧。

## 食材

全熟煮雞蛋

蛋黃醬

牛油

白麵包片

鹽少許

白胡椒粉少許

## 步驟

1. 全熟雞蛋剝殼切成小粒。

2. 蛋黃醬、雞蛋加少許鹽和胡椒粉,拌勻。

3. 麵包片均勻塗上牛油。

4. 把雞蛋餡料均勻塗在一片麵包上,蓋上另一片。

5. 切去麵包皮,切成長條形。

我總有一條退路——
大不了移居窮鄉僻壤，
開一間英式鬆餅店。

——安德魯・蘭內斯│美國演員及歌手

# 魔力英式鬆餅
# Scones

Always my fallback is –
I'm gonna move to a poor town
and open a scone shop.

–Andrew Rannells │ American actor
and singer

經典的英式下午茶除了茶之外，還有一個不變的主角，就是英式鬆餅，又叫司康。英式鬆餅源自 1500 年代的蘇格蘭，是蘇格蘭人的快速麵包。最早以燕麥為原料的英式鬆餅於 19 世紀初期成為下午茶的主要點心之一。「Scone」的名稱由來，相傳與蘇格蘭歷代國王的加冕有關。蘇格蘭國王在進行加冕儀式時，都會坐在一塊名為「Stone of Scone」的石頭之上，而由於英式鬆餅這種烤餅跟這塊石頭的造型很像，因而得名。Scone 地道的英式讀音是「sk'on」（司岡），「o」與「gone」的發音相同；而不是我們按照拼音規則讀成的「sk'own」（司貢），「o」不能讀做「own」。去吃下午茶的你，可千萬不要讀錯哦。

在英式三層下午茶中，三文治等小鹹點會放在底層，小蛋糕或水果撻等甜點則放在頂層，中間層就放傳統點心英式鬆餅，讓用餐者能循序漸進，從鹹食吃到甜食。英國的茶室除了傳統豐富華麗的三層下午茶之外，還會在下午茶的餐牌裏列一項：Cream Tea。可千萬不要以為這是加了奶油的紅茶。Cream Tea 是簡易版的下午茶，是由茶、英式鬆餅、凝脂奶油（clotted cream）和草莓果醬組成的四合一茶套餐。這種簡便的茶點組合很受歡迎，尤其是鬆餅控的最佳選擇。無論是正宗的下午茶還是簡單的 Cream Tea，英式鬆餅都是永遠的主角。這個小小的鬆餅有什麼魔力，讓人這樣著迷呢？

英式鬆餅的口感比餅乾鬆軟，比蛋糕硬，比麵包鬆散。不能太彈牙，也不能一咬就碎掉，所以不是每家做的都好吃。好吃的鬆餅牛油味濃厚，入口鬆散即化。英式鬆餅有很多種，經典款一般來說材料只有麵粉、牛奶、蘇打粉、糖和牛油。加了果仁和無核小葡萄乾的英式鬆餅口感更加豐富，也很惹人喜愛。還有一種全麥鬆餅，在約克鎮上的一家糕餅店裏吃過，入口鬆化，麥香十足，讓人難以忘懷。

英式鬆餅是美味的凝脂奶油和果醬的完美載體。凝脂奶油又叫濃縮奶油，源自於英國西南部的德文郡（Devon），是用新鮮濃醇的牛奶做成的濃郁鮮忌廉，吃起來不會油膩，口感也比鮮忌廉要香濃。它是 Cream Tea 不可或缺的元素，Cream Tea 的名字也是由它而來。搭配的草莓果醬要有很多草莓果肉的自家製果醬才好。

英式鬆餅的材料很簡單，製作時不須像一般做麵包那樣，要苦苦搓揉甩打，也不須花上一時半刻等發酵，是相當簡單、速成的小點心。簡單中見真功夫，英式鬆餅常常是廚師們之間比賽的項目。同樣的食譜、同樣的材料，不同人製作也會產生味道口感截然不同的英式鬆餅。單單是關於牛奶的選用就有很多不同意見，有的認定乳酪或酪乳（buttermilk）代替鮮牛奶會做出更好吃的英式鬆餅。

英式鬆餅務必現烤現吃，從烤爐直接上桌是最完美的。烤得好的鬆餅顏色金黃，有點歪歪的樣子，一邊膨起，鼓脹得像要裂開。就從脹大的部位用手從中間水平掰成上下兩半，切忌用餐刀切成左右兩半。掰開的鬆餅中間冒著熱氣，凝脂奶油和草莓醬就上場了。

究竟先塗奶油還是果醬，要看你在什麼地方吃英式鬆餅。在英國的德文郡，先塗凝脂奶油，因為熱愛凝脂奶油的當地人認為先塗奶油會比較容易多塗一些；而在康威郡（Conwy）則是果醬先行。無論次序如何，都是吃一口，塗一口。我通常喜歡先塗上冰涼的凝脂奶油，再塗上草莓醬，這樣的英式鬆餅紅白相映，很漂亮，入口先是酸甜，然後是冰涼和溫熱，幼滑與鬆化的混合口感，任濃郁的奶香在口中慢慢融化，蔓延開來。這是天堂的滋味，是滋味的天堂。

# 福南梅森酪乳英式鬆餅

## Fortnum & Mason's Scones

福南梅森（Fortnum & Mason）的下午茶被譽為「英女王下午茶」，其鑽禧品茶沙龍提供的下午茶英式鬆餅近些年亦有改良，個頭小了，奶味更濃郁，口感更鬆化。

福南梅森的配方裏，用酪乳（buttermilk）代替鮮牛奶，使得英式鬆餅奶味更濃，口感更輕盈、鬆軟。如果不喜歡甜食的朋友可以不加糖，以一小撮鹽代替。

## 食材（14 個英式鬆餅）

| | |
|---|---|
| 無鹽牛油（冷藏，切成小粒，另備少許潤盤） | 85 克 |
| 自發粉（過篩，另備少許撒面） | 250 克 |
| 發粉 | 1 茶匙 |
| 白砂糖 | 30 克 |
| 酪乳 | 150 毫升 |
| 中型雞蛋 | 1 個 |
| 牛奶 | 少許 |

## 步驟

1. 取大碗一隻，把牛油揉進麵粉中直至鬆散狀態。加入發粉和糖。

2. 另取一隻碗，把酪乳、雞蛋打散。

3. 在麵粉中間弄一個坑，用刮刀把所有材料混合起來，做成麵糰，放冰箱冷藏 30 分鐘。

4. 把麵糰桿成 2.5 厘米厚，用直徑 5 厘米的圓形模子壓出小圓餅。

5. 焗盤掃上薄薄一層牛油，麵餅放上去，並掃上牛奶（或蛋液）。

6. 焗爐預熱至 220℃ / 煤氣焗爐 7 度。

7. 焗 15 分鐘左右，烤至金黃。

8. 趁熱，和凝脂奶油及果醬一起上桌。

# 福南梅森蒙哥馬利車打芝士英式鬆餅

## Montgomery's Cheddar Scones

蒙哥馬利車打芝士（Montgomery's Cheddar）
產於英國，偏乾身，味道香甜且帶有堅果香。
一茶匙英式辣芥末醬能夠完美帶出車打芝士
的甜味。

| 食材（15 個英式鬆餅） | |
| --- | --- |
| 冰凍加鹽牛油<br>（切粒） | 40 克 |
| 自發粉（過篩） | 275 克 |
| 發粉 | 1 茶匙 |
| 蒙哥馬利車打<br>芝士（切粒，或<br>用其他車打芝<br>士代替） | 75 克 |
| 酪乳 | 200 毫升 |
| 中型雞蛋 | 1 個 |
| 福南梅森英式<br>辣芥末醬 | 1 茶匙 |
| 鹽 | 少量 |

## 步驟

1. 取大碗一隻，把牛油揉進麵粉中直至鬆散狀態。
   加入發粉和芝士。

2. 另取一隻碗，把酪乳、雞蛋打散。

3. 在麵粉中間弄一個坑，用餐刀把所有材料混合起
   來，做成麵糰，放冰箱冷藏 30 分鐘。

4. 把麵糰桿成 2.5 厘米厚，用直徑 5 厘米的圓形模子
   壓出小圓餅。

5. 焗盤掃上薄薄一層牛油，放上麵餅，並掃上牛奶。

6. 焗爐預熱至 220℃ / 煤氣焗爐 7 度。

7. 焗 15 分鐘左右，烤至金黃。

8. 趁熱，和凝脂奶油及芝士碎一起上桌。

# 麗思原味英式鬆餅
## The Ritz's Plain Scones

巴黎的麗思酒店（The Ritz），因為香奈兒、海明威等名人的追捧，而被大家所熟悉。海明威這樣描述它：「當我夢想進入另一個世界的天堂時，我就如同身處巴黎的麗思酒店。」與巴黎麗思一樣，倫敦麗思酒店也是一個不可複製的傳奇。你可能一時沒有機會在棕櫚廳（Palm Court）吃著名的「麗思下午茶」，但至少可以按照麗思的配方自製其原味英式鬆餅，安坐家中品嚐「麗思英式鬆餅」。

## 食材（12 個英式鬆餅）

| 食材 | 份量 |
| --- | --- |
| 冰凍牛油（切粒） | 50 克 |
| 自發粉 | 225 克 |
| 塔塔粉 | 1 茶匙 |
| 蘇打粉 | ½ 茶匙 |
| 鹽 | ½ 茶匙 |
| 鮮牛奶 | 150 毫升 |

## 步驟

1. 麵粉過篩兩次，將之與塔塔粉、蘇打粉和鹽揉進牛油，呈鬆散狀。

2. 加入牛奶，揉成軟麵糰。

3. 把麵糰桿成 2.5 厘米厚，用模子壓成直徑 5 厘米的小圓餅。

4. 焗盤掃上薄薄一層牛油，焗爐預熱至 220℃／煤氣焗爐 7 度。

5. 麵餅放上焗盤，刷蛋漿，灑上麵粉。

6. 入焗爐烤 12 至 15 分鐘，烤至金黃。

# 原味英式鬆餅

## Plain Scones

經過實驗總結，適用於各種配方的全能步驟。

竅門

牛油和做好的麵糰都需冷藏。混合麵糰時動作要快、輕柔，30 秒完成，切忌反覆揉搓，避免起筋，影響鬆軟的口感。麵糰掃上蛋液烤出來的顏色比掃牛奶的黃一些。

## 步驟

### 1. 混合乾性材料
把麵粉、發粉過篩後，放入碗中，接著加入鹽、糖，稍微混合。

### 2. 拌入牛油（和芝士）
把冰凍牛油切成小粒狀，用手指將牛油粒與乾性材料混合，至粉粒狀。按配方加芝士。

### 3. 加入濕性材料
加入食譜要求的牛奶／乳酪／酪乳或打散的雞蛋，用手或刮刀混合成一個柔軟、濕潤的麵糰（過程中不要搓揉，盡量輕柔點）。若想要加葡萄乾，也可在此時混合進去。麵糰用保鮮紙包好，放進冰箱冷藏 30 分鐘。

### 4. 麵糰整形
將麵糰桿成長方形，折三折，再桿開，再折三折，再桿開，再折三折（三折的步驟總共三次），使麵糰平滑。在灑了麵粉的桌面，將麵糰整形成 2.5 厘米厚，接著使用圓形模子壓成小圓餅。

### 5. 送入焗爐烘烤
將焗爐預熱到指定溫度。再將麵糰排在焗盤上，並掃上牛奶或蛋液，送入焗爐烤指定時間即可完成。

品嚐沾了茶水的瑪德蓮蛋糕就
是著名的「普魯斯特時刻」。

# 輕 盈 甜 品

# Cakes &
# Biscuits

Tasting a madeleine dipped in
tea has become "the Proustian
moment".

相比其他事物，氣味和滋味雖說脆弱，卻更有生命力；雖說虛幻，卻經久不散。在一切形消影散後，唯獨氣味和滋味長期存在，印在腦海深處，藉著它們，可以重溫舊夢。

英式下午茶三層蛋糕架最上層是下午茶的高潮。美味的甜品，會在你記憶深處留下不可磨滅的印象。

據說法國大文豪馬塞爾・普魯斯特（Marcel Proust）就是在喝茶吃蛋糕的時候萌生了創作長篇文學巨著《追憶似水年華》（*À la recherche du temps perdu*）的靈感，在小說裏法式點心瑪德蓮蛋糕（madeleine）反覆出現。

作者在陰冷的冬天，心情低落地回到家裏，母親準備了茶和「那種又矮又胖名叫『小瑪德琳娜』的點心，看起來是用扇貝殼那樣的點心模子做的。」他掰了一塊「小瑪德琳娜」泡在茶水中，舀起一勺茶送到嘴邊。

當「帶著點心渣的那一勺茶碰到我的上顎，頓時使我渾身一震，我注意到我身上發生了非同小可的變化。一種舒坦的快感傳遍全身，我感到超塵脫俗，卻不知出自何因。我只覺得人生一世，榮辱得失都清淡如水，背時遭劫亦無甚大礙，所謂人生短促，不過是一時幻覺；那情形好比戀愛發生的作用，它以一種可貴的精神充實了我。」小小的、泡了茶水的瑪德蓮蛋糕，讓作者不再感到平庸、猥瑣和凡俗。

有很多時候，早已塵封的往事在嚐到某種味道時，又浮上心頭。久

遠的舊事了無痕跡，唯獨氣味和滋味以幾乎無從辨認的蛛絲馬跡，
堅強不屈地支撐起整座回憶的大廈。

動手做一款甜品，泡一壺靚茶，就從這個模樣豐滿肥腴，四週鑲著
一圈一絲不苟的褶皺，令人垂涎欲滴的「瑪德蓮」開始吧。

# 瑪德蓮貝殼蛋糕

## Madeleines

法國作家馬塞爾‧普魯斯特在作品《追憶似水年華》中描寫了吃瑪德蓮貝殼蛋糕時的奇特曼妙感覺，那是令人為之一振的超凡脫俗的味道。請務必確保使用不沾貝殼模具，或掃上足夠多的油，使其能夠乾淨脫模。然後，就像法國人那樣品嚐這美味點心吧——在茶裏面泡一下。

## 食材（12 個蛋糕）

| 無鹽牛油（融化並晾涼） | 80 克 |
|---|---|
| 自發粉（過篩） | 80 克 |
| 糖 | 80 克 |
| 中型雞蛋 | 2 個 |
| 發粉 | 1 ½ 茶匙 |
| 青檸汁 | 適量 |

## 步驟

1. 焗爐預熱至 190℃。

2. 模具掃上油並撒少許麵粉。

3. 糖和雞蛋打散。

4. 用另外一個容器混合麵粉和發粉。

5. 將 1/2 牛油加入 1/2 糖和雞蛋混合物，再加入 1/2 麵粉，輕微拌勻。

6. 另外一半以上材料加入青檸汁。

7. 混合所有材料，輕輕拌勻。

8. 麵糊倒入模具。

9. 焗 10 分鐘至金黃。

10. 冷卻後食用。

# 夏威夷果白朱古力布朗尼

## Macadamia and White Chocolate Brownies

做脆皮軟心布朗尼（brownie）的關鍵是把雞蛋和牛油打成慕斯（mousse）狀，烘焗時間也是關鍵，表皮酥脆即可。如果烤過頭，就會失去軟心口感，變成普通蛋糕。

## 食材（25塊布朗尼）

| 食材 | 分量 |
|---|---|
| 黑朱古力（固體可可含量不少於50%） | 200克 |
| 無鹽牛油 | 175克 |
| 大雞蛋 | 3個 |
| 非洲原蔗黑糖（可用紅糖代替） | 225克 |
| 麵粉（過篩） | 100克 |
| 夏威夷果（焗熟切粒） | 100克 |
| 白朱古力（切粒） | 100克 |
| 可可粉（撒面） | 少許 |

## 步驟

1. 焗爐以180℃預熱。

2. 在20厘米焗盤墊上烘焙紙。

3. 黑朱古力和牛油放入一個大碗，隔水加熱融化，注意碗底不要接觸到水。

4. 雞蛋和糖在另一個大碗中打至黏稠狀（約8至10分鐘）。

5. 加入朱古力漿、麵粉、果仁和白朱古力，小心混合均勻。

6. 放入焗盤，入焗爐烤25分鐘，表面成形，輕按有彈性。

7. 冷卻後以可可粉灑面，切成小方塊。

8. 可以置於密封保鮮盒保存五天。

# 蘇格蘭牛油酥餅

## Scotland Classic Shortbread

蘇格蘭牛油酥餅（shortbread）是和英式鬆餅齊名的傳統英式茶點。在英國，牛油酥餅和英式鬆餅通常是甜品師傅互相比試的保留項目。和英式鬆餅一樣，牛油酥餅的用料簡單，只有牛油、麵粉和糖，通常不加任何其他食材，是簡單、純粹、實實在在的美味。其鬆脆口感的秘密其一是添加米粉，其二是不要過度揉搓麵糰。

## 食材（14 條酥餅）

| | |
|---|---|
| 無鹽牛油（軟化） | 150 克 |
| 砂糖（另加少許撒面） | 60 克 |
| 麵粉過篩 | 150 克 |
| 大米粉 | 60 克 |

## 步驟

1. 焗爐以 150℃ 預熱。

2. 在 17 厘米的焗盤上掃少許牛油。

3. 牛油和糖攪拌均勻至黏稠狀，分次加入麵粉和米粉，輕微攪拌成糰，切忌過度揉麵。

4. 把麵糰放入焗盤鋪平。

5. 用刀畫出六條橫線，一條豎線，即十四塊。

6. 用叉子在每塊上叉一些小洞。

7. 入焗爐烤 30 分鐘，拿出來再一次畫分割線。

8. 再入焗爐烤 30 分鐘。

9. 出爐後再次畫分割線，撒一層砂糖。

10. 靜置 30 分鐘後切成 14 塊，小心從焗盤中取出來。

11. 繼續冷卻，完全冷卻後放入密封保鮮盒內可以保存數週。

# 酸忌廉朱古力紙杯蛋糕

## Soured Cream and Chocolate Cupcakes

這款紙杯蛋糕（cupcake）以不加糖的可可粉做原料，濃郁可口，滋味有深度，讓人吃不停口。以酸忌廉（sour cream）和白朱古力做裝飾，盡情發揮你的創造力，好吃好看又好玩。

## 食材（12 個蛋糕）

| 軟化無鹽牛油 | 125 克 |
| 黃砂糖（golden caster sugar） | 125 克 |
| 中型雞蛋 | 2 個 |
| 自發粉（過篩） | 100 克 |
| 可可粉（過篩） | 25 克 |
| 牛奶 | 少許 |

## 裝飾材料

| 軟化牛油 | 25 克 |
| 酸忌廉 | 75 克 |
| 糖粉 | 150 克 |
| 可可粉（過篩） | 40 克 |
| 白朱古力碎 | 25 克 |

## 步驟

1. 焗爐以 180℃ 預熱。

2. 將 12 個紙杯放入蛋糕烤盤。

3. 打散糖和牛油，逐漸加入雞蛋，再加入少許麵粉，輕揉攪拌。

4. 加入餘下的麵粉、可可粉及少量牛奶，輕揉攪拌均勻，濃稠度以有少量滴落為準。

5. 把麵糊裝入紙杯。

6. 焗約 20 分鐘至鬆脆成形，冷卻。

7. 牛油、酸忌廉打至黏稠狀。

8. 逐漸加入糖粉和可可粉，呈黏稠的糖衣。

9. 用勺子把朱古力淋醬放在冷卻的紙杯蛋糕上，以刮刀抹平。

10. 用白朱古力碎點綴。也可用各色忌廉花點綴，發揮無窮創意。

# 維多利亞海綿蛋糕
## Victoria Sponge Cake

這款經典蛋糕以維多利亞女王命名，始終都
是下午茶會上不變的熱點。草莓醬加忌廉做
餡料，簡單的幸福。這款蛋糕容易製作，通
常是英國小女孩家政課上學的第一個蛋糕。

竅門

用刮刀切拌的方式：刮刀從麵糊中央垂直切下，然後像划船一樣，從不鏽
鋼盆底部翻轉上來，另一手慢慢旋轉不鏽鋼盆，持續輕柔地攪拌，直到材
料混合均勻，看不到粉粒或液體為止。

## 食材（12 人份蛋糕）

| | |
|---|---|
| 軟化牛油 | 200 克 |
| 黃砂糖 | 200 克 |
| 中型雞蛋 | 4 個 |
| 自發粉（過篩） | 200 克 |
| 發粉 | 1 茶匙 |
| 草莓醬 | 4 大匙 |
| 鮮忌廉 | 適量 |

## 步驟

1. 焗爐以 190℃ 預熱。

2. 在兩個 20 厘米的圓形焗盤墊好烘焙紙。

3. 糖和牛油打散。逐漸加入雞蛋攪拌，如果較稀可
   加入少量麵粉。

4. 把餘下的麵粉和發粉輕揉攪拌進去。

5. 把麵糊平均倒入兩個焗盤。

6. 焗 25 分鐘至表面金黃。

7. 脫模冷卻後撕去烘焙紙。

8. 一個蛋糕放在圓碟中，塗上草莓醬，擠上鮮忌廉。

9. 另一個蛋糕疊在上面，撒少許糖粉裝飾。

# 柑橘糖漿海綿磅蛋糕
## Citrus Syrup Sponge Loaf Cake

橙汁和檸檬汁使這款蛋糕的味道活潑起來。當
蛋糕還是溫熱時，澆上橙子檸檬糖漿，看著
糖漿慢慢滲入金黃的蛋糕中，美麗、誘人……

## 食材（10 份）

| | |
|---|---|
| 無鹽軟化牛油 | 200 克 |
| 黃砂糖 | 200 克 |
| 大雞蛋 | 3 個 |
| 麵粉（過篩） | 100 克 |
| 自發粉（過篩） | 100 克 |
| 橙（磨皮屑、榨汁） | 1 個 |
| 檸檬（磨皮屑、榨汁） | 1 個 |

## 糖漿

| | |
|---|---|
| 黃砂糖 | 4 湯匙 |
| 橙汁 | 少許 |
| 檸檬汁 | 少許 |

## 步驟

1. 焗爐預熱至 170℃。

2. 在 900 克麵包模具上墊好烘焙紙。

3. 用電動攪拌機攪拌牛油和 200 克黃砂糖。

4. 逐漸加入雞蛋。

5. 翻拌入麵粉、自發粉、橙皮屑、檸檬皮屑、一半果汁，輕柔攪拌均勻。

6. 麵糊倒入模具中。

7. 烤 1 小時。

8. 脫模到鋼絲架上冷卻。

9. 剩下的橙汁和檸檬汁加 4 湯匙糖，小火熬成糖漿。

10. 糖漿趁熱澆在蛋糕上，任其滲透。

11. 切片裝盤。

12. 可密封保存五天。

在英國，一杯茶可以解決所有的問題。

——大衛 · 威廉姆斯｜英國作家

# 以 茶 入 饌
# Baking with Tea

In Britain, a cup of tea is the answer to every problem.

–David Walliams ｜ English writer

以茶入饌，源於中國，自古即有。用茶做出的糕點叫「茶食」，以茶做菜是「茗菜」，而在粥裏加入茶湯則稱為「茗粥」。《茶賦》中寫道：「茶滋飯蔬之精素，攻肉食之膻膩。」說的是以茶入饌的神奇功效。茶，可以提升食材的滋味，揚長避短，可「成菜之美」。

茶通常作為佐料，用於鹹味菜式，龍井蝦仁絕對是代表。而章茶鴨則是用樟樹葉和茶葉熏製而成，是茶葉間接入菜的經典菜式。另一種用茶葉烹飪的方式是把茶葉磨碎，加在食品中。近些年相當受歡迎的日本抹茶食品就是最好的例子。

西方人擅長烘焙。在英國，茶並不只是陪伴蛋糕的飲品，還常常用於烘焙。 茶很適合用在水果蛋糕中。把乾果浸泡在新鮮沖泡的茶水裏，然後用於烘焙水果蛋糕，這樣的蛋糕口感輕盈濕潤，滋味豐富。味道獨特的伯爵茶還常常用於餅乾、海綿蛋糕，甚至雪糕，為平常的味道添上許多新意。

以茶入饌，其實難度頗高，挑戰在於如何拿捏茶的分量。在用茶來烘焙糕點時，茶的作用是提香 。加了茶的糕點透著幽幽的茶香，引人垂涎。而品嚐時，舌尖隱約嚐到一絲茶味，若有若無，不濃不淡，恰到好處。切忌茶味太濃，掩蓋食物原本的味道，喧賓奪主。如何能夠做到恰到好處，還是要不斷實驗。

一般來說，用於烘焙的茶水應該濃一些，以確保茶香可以充分顯露出來。泡茶首選冷泡，因為冷泡茶的香氣保留完好，而熱泡冷卻的茶香氣很弱。如果熱泡萃取茶水，則需增加茶葉量來取得較濃的茶汁。浸泡時間避免過長，這樣才能確保茶水不會過於苦澀。如果烘

焙無水蛋糕，可以用冷牛奶浸泡茶葉過夜，還可以用熱牛奶或融化的牛油浸泡茶葉。這種方法比較適合葉片較大的茶，過濾起來較容易。值得一提的是，浸泡過茶葉的牛油冷卻凝固之後，用來抹麵包是一絕。所以可以多做茶牛油，一些留做烘焙，另外一些就用來抹方包吧。

關於選擇合適的茶品來烘焙，除了這裏介紹的幾種，你盡可以發揮創意，用喜歡的茶來烘烤各種糕點。中國茶品種繁多，可以嘗試選用香氣獨特而高揚的茶葉來烘焙。鐵觀音沖泡之後散發出濃郁的蘭香，東方美人有熟果的蜜香，正山小種則具有獨特的煙燻香氣，這些都是不錯的選擇。另外，優質綠茶，例如碧螺春，可以碾磨成碎末直接加進糕點，就好像日本的抹茶一樣。要留意的是，茶粉越細越不容易影響口感。如果研磨的顆粒較大，則適合用來烘焙餅乾、曲奇等口感乾脆的點心。

# 蜂蜜小葡萄乾胡桃茶蛋糕

## Honey, Sultana and Pecan Tea Bread

餡料豐富，葡萄乾、胡桃和伯爵茶蛋糕的混
合，口感酥脆又鬆軟，層次分明。

## 食材（10 份）

| | |
|---|---|
| 小葡萄乾 | 200 克 |
| 伯爵茶 | 200 毫升 |
| 軟化牛油 | 75 克 |
| 黃砂糖 | 125 克 |
| 蜂蜜 | 2 大匙 |
| 中型雞蛋 | 2 個 |
| 自發粉（過篩） | 200 克 |
| 碎胡桃仁 | 75 克 |

## 步驟

1. 小葡萄乾在茶中浸泡過夜。

2. 焗爐預熱至 180℃。

3. 在 900 克麵包烤盤上墊烘焙紙。

4. 混合牛油、糖和蜂蜜。

5. 逐漸加入雞蛋。

6. 以輕柔攪拌的方式拌入麵粉、葡萄乾和碎胡桃仁。

7. 拌入剩下的茶。

8. 烤 1 小時，牙籤扎入拔出後乾淨即可。

9. 冷卻，切片。

# 紅棗核桃磅蛋糕
## Date and Walnut Loaf

這款磅蛋糕（pound cake）以金砂糖（demerara sugar）和碎核桃仁撒面裝飾，透著橙香和茶香。搭配福南梅森煙燻伯爵茶，是休閒下午茶的一個亮點。

## 食材（10份）

| | |
|---|---|
| 軟化牛油 | 125 克 |
| 福南梅森煙燻伯爵茶 | 100 毫升 |
| 紅棗（切碎） | 50 克 |
| 黑糖 | 175 克 |
| 大雞蛋 | 2 個 |
| 全麥麵粉（過篩） | 75 克 |
| 自發粉（過篩） | 125 克 |
| 發粉 | 1 茶匙 |
| 橙（榨汁） | 1 個 |
| 核桃仁（切碎） | 100 克 |
| 金砂糖 | 1 湯匙 |

## 步驟

1. 焗爐預熱至 180℃。

2. 在 900 克麵包模具上墊好烘焙紙。

3. 沖泡好的茶倒進裝有紅棗的小碗，浸泡。

4. 牛油和黑糖混合成糊狀。

5. 逐漸加入雞蛋，一邊加入一邊打勻。

6. 加入麵粉、發粉、橙汁、切碎的紅棗、茶和 75 克核桃碎，輕柔翻拌均勻。

7. 麵糊倒入模具。

8. 撒上黃砂糖、碎核桃仁。

9. 烤 1 小時。

10. 冷卻 10 分鐘後，從模具取出蛋糕，放在鋼絲架上至完全冷卻。

11. 可密封保存五天。

# 蜂蜜薰衣草磅蛋糕
## Honey and Lavender Loaf Cake

用薰衣草樹枝薰過的糖和薰衣草蜂蜜製成的
磅蛋糕，口感溫潤鬆軟，滋味清新細緻，是
下午茶的絕佳搭配。

## 食材（10份）

| | |
|---|---|
| 薰衣草樹枝 | 2-3 枝 |
| 福南梅森伯爵茶 | 2 湯匙 |
| 軟化無鹽牛油 | 200 克 |
| 黃砂糖 | 175 克 |
| 福南梅森法國薰衣草蜂蜜 | 2 湯匙 |
| 中型雞蛋 | 3 個 |
| 自發粉（過篩） | 200 克 |
| 發粉 | 1 茶匙 |

## 步驟

1. 把薰衣草樹枝和茶葉用布包好，埋在糖裏，密封約一週。

2. 用糖之前取出布包。

3. 焗爐預熱至 170℃。

4. 在 900 克麵包模具上墊好烘焙紙。

5. 攪拌機打勻薰過的糖、牛油和蜂蜜。逐漸加入雞蛋。

6. 翻拌入麵粉和發粉，輕柔攪拌均勻。

7. 把麵糊倒入模具。

8. 焗 1 小時。

9. 出爐，黃砂糖灑面。

10. 冷卻 10 分鐘後脫模，置鋼絲架上繼續冷卻。

11. 用黃砂糖和薰衣草樹枝裝飾，裝盤。

12. 可密封保存五天。

# 芝士無花果核桃油蛋撻

## Fig Tart and Walnut Dressing

蛋撻輕盈味美，可以代替三文治，無論熱吃冷吃都是下午茶鹹點的好選擇。這款加入了茶的鹹味蛋撻，口感豐富，滋味多層次，和英式下午茶很搭。

## 食材

| | |
|---|---|
| 酥皮 | 275 克 |
| 加鹽牛油 | 25 克 |
| 小洋蔥（切碎） | 1 個 |
| 中型雞蛋 | 2 個 |
| 濃忌廉（double cream，雙倍奶油） | 55 毫升 |
| 伯爵茶 | 20 毫升 |
| 肉豆蔻粉 | 少許 |
| 新鮮無花果（每個切成九塊） | 2 個 |
| 車打芝士碎 | 少許 |
| 黑胡椒粉 | 少許 |
| 鹽 | 少許 |

## 調味

| | |
|---|---|
| 橄欖油 | 2 大匙 |
| 核桃油 | 2 大匙 |
| 紅酒醋 | 1 大匙 |
| 核桃（烤熟切碎） | 25 克 |
| 西洋菜 | 一小把 |

## 步驟

1. 焗爐預熱至 200℃。

2. 酥皮切割成直徑 10 厘米的圓形，放入蛋撻模具中。

3. 酥皮底部戳小孔，防止酥皮太濕。

4. 雞蛋、濃忌廉打散，放入少量鹽、黑胡椒粉、肉豆蔻粉。

5. 把切好的無花果和洋蔥放進撻皮。

6. 澆上蛋液。

7. 鋪上車打芝士碎。

8. 焗 20 至 25 分鐘，出爐冷卻。

9. 混合油（橄欖油和核桃油）、紅酒醋、碎核桃仁和其他調味料。

10. 每個盤子放一個蛋撻，澆上調味汁，以少量西洋菜葉裝飾。

一杯茶能使我恢復常態。

——道格拉斯 · 亞當斯｜英國作家

# 果 醬

# Jams

**A cup of tea would restore my
normality.**

–Douglas Adams ｜ English writer

英國的秋天是美好的。天氣總是晴朗，陽光總是明媚。漫長的暑假就要過去了。一個下午，出去散步，打算走走沒走過的路，探索一下。就在離我家不遠的一個上坡處，居然發現了一個「自然公園」，其實就是一個野園子。

我們沿著窄窄的土路走進去，兩邊是灌木叢、野草和野花。野生的，沒人打理修剪，卻也生機勃勃。下午的太陽為一叢叢不知名的淡紫色小花籠罩上一圈金色光環，偶爾有鳥兒被我們的腳步驚得撲棱棱飛起，空氣中瀰漫著暖洋洋的青草氣。

前方是參天的古木，腳下的小路草多起來，踩上去軟軟的。陽光從樹葉中灑下，照耀在矮生的綠色植物上，斑斑駁駁，遠遠逆光望去，竟然像河邊閃閃發光的鵝卵石。走出這片樹林，又豁然開朗，兩邊都是一叢叢一人高的灌木，再仔細看看，居然是黑莓樹。黑得發亮、脹鼓鼓的莓子掛滿枝頭，熟透的果子掉得滿地都是。禁不住摘一顆，放入口中，酸甜濃郁，野味十足。

於是算是發現了寶。第二日攜小兒帶籃子採摘黑莓。這黑莓樹枝佈滿小刺，一不小心就會扎進皮膚，又疼又癢。有些熟透的果子，碰一下就汁液四溢。這是陽光明媚的夏天賜給我們的禮物。把這些美味的果子做成果醬，就是把夏天、陽光和一切美好裝進透明的玻璃瓶子，在寒冷的冬日慢慢品嚐回味。

果醬的英文「jam」本來是擠壓、壓碎的意思，所以交通堵塞叫「traffic jam」。英文中一般被通稱為果醬製品（fruit preserves），包括：jam、marmalade 和 jelly。Jam 是將水果的

果肉部分切成小塊，和糖（通常使用添加膠質的果醬糖）加熱熬煮而成。Marmalade 指的是用柑橘類水果的果皮做的果醬，如橘子、金棗或檸檬等。Jelly 是將果肉部分除去後的果汁加糖熬煮成膠質化後的果凍。自製的果醬與超市售賣的果醬有天壤之別。配自製果醬是高質素下午茶的首要條件，比如草莓醬，自己製作不但可以保證草莓原料的新鮮，還可以保留大塊果肉。只有新鮮甜美、果肉豐富的草莓醬才能配得上你辛辛苦苦烤製的鬆餅。果醬製作是令人享受的放鬆過程，很有治癒效果。採摘果子、清洗大大小小的玻璃罐子、自己寫標籤並畫上可愛的果子，然後讓這些裝滿夏日陽光的瓶子擺滿廚房一角的木架，這時候的你必然心滿意足，甜在心裏。

# 有機野生黑莓醬
## Organic Blackberry Jam

果醬是下午茶中不可缺少的元素，不是主角，卻是高顏值的配角。野生黑莓，味道偏酸，加糖和檸檬調和之後，味道豐富濃郁，適合搭配各類磅蛋糕。黑莓屬於果膠含量較少的漿果類，在製作果醬時最好採用添加果膠的「果醬糖」。做好的果醬趁熱裝瓶，高溫殺菌，可以保存很久。

## 食材（4 瓶，每瓶 200 克）

| 黑莓 | 1,000 克 |
| 檸檬 | 1 個 |
| 果醬糖 | 500 克 |
| 空玻璃瓶 | 4 個 |

## 步驟

1. 黑莓洗淨，用淡鹽水浸泡 1 小時。

2. 瀝乾水分備用。

3. 玻璃瓶以沸水煮 3 分鐘，晾乾備用。

4. 檸檬榨汁。

5. 黑莓放入容器中，用勺子搗爛。

6. 加入檸檬汁。

7. 加入糖拌勻。

8. 小火煮 50 分鐘至黏稠狀，期間適當攪拌。

9. 趁熱裝瓶密封。

10. 放置陰涼處，可保存一年。

# 草莓醬
## Strawberry Jam

草莓醬與英式鬆餅是完美搭配。只有自製多果肉草莓醬才配得上自家烘焗的美味英式鬆餅。草莓也是果膠含量較少的水果，用「果醬糖」可以幫助凝固起膠。草莓醬最好保留果肉顆粒，所以不要煮太久，糖可以先加熱融化，再加入草莓。判斷是否到了可凝固狀態有一個小竅門：把一小勺熱果醬置於冰凍的盤子上，手指滑過，如果呈現皺紋狀，即可裝瓶。

## 食材（4瓶，每瓶200克）

| | |
|---|---|
| 小粒草莓 | 500 克 |
| 果醬糖 | 250 克 |
| 檸檬 | ½ 個 |
| 牛油 | 一小勺 |

## 步驟

1. 草莓洗淨，瀝乾水分。

2. 把草莓、檸檬、糖置於鍋中，慢火加熱，攪動使草莓和糖融合。

3. 把幾個小盤子放入冰箱冷凍格。

4. 開大火煮開草莓漿，煮約 5 分鐘。

5. 關火，從冰箱拿出冷盤子，測試凝結度。

6. 拌入牛油，撇去浮沫。

7. 靜置 10 分鐘後裝瓶。

8. 放置在密封陰涼處，可保存一年。

# 檸檬凝乳
## Lemon Curd

漂亮的檸檬凝乳，可搭配剛出爐的瑪德蓮蛋
糕、磅蛋糕，或者水果英式鬆餅，滋味有跳
躍感，令人興奮。

## 食材（550 克檸檬凝乳）

| | |
|---|---|
| 檸檬（刨果皮，榨汁約 150 毫升） | 2 個 |
| 中型雞蛋 | 3 個 |
| 黃砂糖 | 175 克 |
| 無鹽牛油（切粒，冷藏） | 100 克 |

## 步驟

1. 檸檬皮屑、果汁、雞蛋和糖放入大碗中混合。加入牛油。

2. 大碗隔水放在冒蒸汽的蒸鍋中（確保碗底不碰到熱水）。

3. 輕柔攪動，牛油融化，液體逐漸變稠，約 15 分鐘。

4. 當液體濃稠到可以掛住勺子背部時就好了。

5. 倒入容器，密封，冷卻後置冰箱冷藏。

6. 可以保存兩個星期。